只想和你好好生活

李松蔚 | 陈海贤 | 海蓝博士 | 青 音 等口述

刘 萍 主编

不幸的婚姻，没有无辜者。

哪有人喜欢孤独，不过是不喜欢失望。

从今天起,我们更要彼此珍惜。

世上最大的折磨，也莫过于在爱的同时又带着蔑视了。

你是这岁月被记得的原因,也让这条路有了不一样的风景。

目录

第一章　爱自己是终生浪漫的开始 / 人应该尊敬自己，并自视能配得上最高贵的东西

用创业的心态经营婚姻　004
用更好的我，成就更好的我们　014
梦会帮你认识自己　024
正念让我们活在当下　032
你可以拥有一份恰到好处的恋爱　044
美好的婚姻基于夫妻间的人格独立　056

第二章　更接近生命的亲密 / 你是这岁月被记得的原因，也让这条路有了不一样的风景

婚姻里的爱，是双向流动的　066
从男性气质焦虑中摆脱出来，变得更幸福　076
亲密，需要经营以爱和尊重　087
美好的亲密关系，需要爱的能力　098
你选择了遗忘，可身体还记得　109

第三章　懦弱是这个时代男女的通病 / 哪里会有人喜欢孤独，不过是不喜欢失望

我们应该永远只做使彼此靠近的事　122
不够亲密是中国夫妻最大的问题　133
亲密关系中，请不要失去自我　144
爱是一场成年人与成年人的风花雪月　155
婚姻是一个心理成长的道场　166
用心理学玩转婚姻的幸福魔方　178

第四章　从今天起，我们更要彼此珍惜 / 世界上最大的折磨莫过于在爱的同时又带着藐视了

经营好婚姻必须知道的3件事　190
不幸的婚姻里没有无辜者　201
婚姻就是寻找一辈子的玩伴　211
亲密关系中，还要保持对对方的尊重　222
影响婚姻幸福的6个文化维度　234

第一章
爱自己是终生浪漫的开始

人应该尊敬自己,并自视能配得上最高贵的东西

>>> 陈海贤 / 青音 / 武志红 / 段新龙 / 赵永久 / 马龙

1

采访人：**付洋**

采访对象：**陈海贤**，浙江大学心理学博士，杭州师范大学阿里巴巴商学院特聘教授。家庭治疗师，系统接受结构式家庭治疗的培训和督导。"得到"大师课：《自我发展心理学》主理人。课程付费用户超8.5万人。出版畅销书《幸福课：不完美人生的解答书》。豆瓣读书评分8.8分，入选豆瓣2017年度图书。

观点：想要婚姻幸福，需要放下幻想，多一些包容，多想想自己能为改善婚姻做些什么，不要总想着去改变对方。只要把自己负责的那部分做好，就可以为婚姻创造更多的可能性。

用创业的心态经营婚姻

进入婚姻后，一定要抱着创业的心态

现在是一个特别强调自我的时代，我的感受、我的想法、我的利益、我的尊严……比起不重视自我个性的年代，这是一个进步。但是，过分强调自我也会出现很多问题。比如进入婚姻后，不能容忍伴侣与自己有不一样的感受，不想为这个家付出和改变。

我觉得大部分人是把婚姻当成投资了。投资人只管寻找有成长性、有潜力的项目投钱，项目好不好都是创业者的责任。抱着投资的心态进入婚姻，把自己放到一个很被动、置身事外的位置，拒绝为婚姻做出任何改变和妥协，只要婚姻出问题，就会认定都是对方的错，埋怨自己当初没有找对人，甚至选择换项目投资——离婚。

另外，投资人会考核创业者，我给你投钱，就得不停地考核你，看你合不合格，所以会产生一种考核心态。被考核的伴侣感觉会很糟糕："我也投入了感情，怎么就变成一个被考核的人了呢？"一个不断考核，另一个厌烦、抗拒、逃避，于是形成恶性循环。

我有一个来访者,曾与未婚妻约法三章:"结婚后,我需要有很多的自由时间,我要跟朋友有很多的相处,需要有自己的空间。所以,如果我跟你结婚了,我不会为你做任何改变,你能不能接受?"未婚妻非常爱他,接受了他的"投资条件"。

结婚后,他一点儿家务都不做,经常连续几个晚上跑出去和朋友玩儿,把妻子独自扔在家里。孩子出生之后,他也不管孩子,活得跟单身汉一样自由。妻子很生气:"你把我留在家里,家务都是我自己干!孩子的教育是我一个人的事吗,难道你就不用负责?"他还很不高兴:"你看,结婚之前我就跟你说了,我不会改变。你现在怎么就变卦了呢?"

我认为,如果一个人结婚前和结婚后没有一点儿改变,就等于没结婚。因为结婚的标志就是改变,为了保持亲密关系,可能还要牺牲一些自主性。

我们人类有两种基本的心理需要:一种是跟人建立亲密和连接,找到归属感;另一种是能为自己做主,控制自己的生活,拥有自主性。单身的时候,我们的生活是自主的,所以更渴望归属于亲密关系。结婚后,亲密和归属的需要满足了,自主性的需要变得突出了。所以想要让婚姻幸福,必须要自我调节和改变,在自主性与亲密关系中找到一个新的平衡。

其实,不管我们是否愿意为婚姻改变,结婚后很多东西都变了。比如这位来访者，结婚前，和朋友出去玩儿只是一种个人的娱乐行为；结婚后，这种行为多了与妻子对抗的意味，行为的意义已经变了。同时，他还要努力地把妻子的抗议和不满屏蔽掉，和朋友玩儿的状态和感受也会完全不一样。所以，只要结婚，就没有不变这一说。

当然，择偶时是需要找一个好项目的，比如要看对方的人品和心理健康水平。但是进入婚姻之后，一定要抱着创业的心态。创业，就意味着这个项目是我的事，我责无旁贷；创业，也意味着我必须要不断投入，主动做一些事情让婚姻向好的方向发展，包括改变自己。

即使婚姻的起点很低，只要抱着创业的心态，也可以把婚姻经营好。我的小姨当年是包办婚姻，外婆把她许配给小姨夫的原因是：外婆家的水是要上山挑的，而小姨夫家自己有井。婚前，小姨和小姨夫只见过两次面。可结婚后，两人的感情却越来越好，到现在还如胶似漆。这是因为当时的社会风气不允许小姨离婚，所以，她下定决心，一定要把两人的生活过好，做了很多努力。在度过磨合期之后，两个人都发现了对方的好，日子真的慢慢好起来了。

有的来访者对我说："我不能退让，因为我一旦退让，也许对方就会得寸进尺！"就好像两个人站在擂台上，我一定要把拳头举着，担心万一自己放下拳头，对方一拳过来把我打死。但是在婚姻里，必须得有一个人先放下拳头，才能打破僵局。放下拳头的那个瞬间，就为婚姻创造了新的可能性。

青蛙和巫婆，也能幸福地生活在一起

著名家庭治疗师李维榕曾打过一个有趣的比方：我们每个人的心里都有一个理想伴侣的假设，男人希望娶一个美丽温柔的公主，女人希望嫁给一个英俊富有的王子。热恋的光环消散时却发现，丈夫原来不是王子，而是个青蛙；妻子也不是公主，而是个巫婆。

这时候，我们倾向于去将青蛙变成王子，将巫婆变成公主，而不是改变我们心里对王子和公主的幻想，因为我们舍不得放弃幻想，放弃幻想简直能要了我们的命。于是，我们就把伴侣装进幻想的框架里改造他，这是当下大部分婚姻的痛。因为所有改造都是在告诉伴侣："你不够好，我嫌弃你。"在亲密关系中，被嫌弃是一件很受伤的事，所以，伴侣往往会拒绝接受改造，进行攻击："你照照镜子看看自己的样子，我还没嫌弃你，你倒嫌弃我？"于是，婚姻大战拉开帷幕。

我在《幸福课：不完美人生的解答书》一书中，写过一句话："就承认自己是个废物好了。"意思是，有时候我们得承认自己其实没那么好。在婚姻里，要承认这就是我的丈夫（妻子），可是我自己也没有那么好。没有王子和公主，有的就是青蛙和巫婆的故事。那就算了，反正我们就是这样了。也许放下幻想，接受彼此本来的样子，夫妻关系就会变得不一样。因为放下幻想之后，就能慢慢地接受现实，多些包容，少些嫌弃，渐渐发现伴侣的好。我欣赏他，他感受到我的欣赏，给我带来惊喜……于是，青蛙和巫婆幸福地生活在一起。

有些夫妻关系出了问题，会说："就是因为当初我不爱他（他不爱我）！"这也是因为没有放下幻想。很多人希望婚姻有一个理想化的开场——我们的关系非常纯粹，完全出于爱情，而且爱情浓度很高。好像除此之外，其他的婚姻开场都是不对的。我觉得这个观念本身就有问题，婚姻可以有各种各样的开场，比如因为门当户对，因为父母安排，因为到年龄了等等。我相信，只要结婚了，夫妻之间就不会完全没有爱。如果一点儿感情都没有，两个人很难结为夫妻，同床共枕。再回过头掰扯当年爱不爱、爱得是否纯粹足够，没有什么意义。

作为家庭治疗师，我不会往回走，而会聚焦此时此地。我建议夫妻遇到问题不要去翻旧账，而是去思索这样的问题：我们是否决心好好过下去？我们的关系出了什么问题？在哪里卡住了？我们哪里的情感连接不够？我们怎么才能继续往前走……哪怕彼此愿意为自己的婚姻做一件事，婚姻都可能会向前走。

虽然婚姻注定不会完美，但是青蛙和巫婆也可以一起创造生机，情感性的回应就是婚姻生机的来源。人和人的感情本质是一种依恋关系，依恋关系通常是通过情感性回应建立起来的。比如，母婴之间的依恋关系是这样建立的：还不会说话的婴儿看着妈妈，妈妈也看着婴儿，他们的目光遇到了，婴儿笑，妈妈也笑。婴儿由此确信："妈妈喜欢我。"

恩爱的夫妻是这样回应的，妻子对丈夫说："我昨天晚上做了一个梦。"丈夫很感兴趣，问："你做了一个什么梦呀？有没有梦到我？"妻子笑着说："哈哈，你就盼着我梦到你呢吧！"两个人愉快地聊了起来，这就是情感性的回应。不恩爱的夫妻通常是这样回应的，妻子说："我昨天晚上做了一个梦，很可怕。"丈夫漫不经心地说："这有什么关系，不就是一个梦嘛！"妻子马上知道，丈夫对她说的事情不感兴趣，不耐烦听下去，她也不想说了，这就是没有情感的回应。

夫妻之间的情感性回应频率越高，婚姻质量就越好。如果没有情感性回应，或者情感性回应经常中断，那么夫妻就会在婚姻中常常感到孤独、焦虑和不安，因为他觉得对面的那个人不理解自己。反过来，这又会加强他头脑中理想伴侣的假设："我的丈夫（妻子）不理解我，是因为我当初找的这个人不够理想。"觉得自己的投资很亏，抱着投资的心态考核创业者，越来越挑剔，一点儿小分歧就会变成大战争。

夫妻之间讲情感，婆媳之间讲规则

夫妻之间，我建议不要讲规则，而是讲情感。

我遇到过一个男人，他每天要给妻子打无数次电话，如果听见忙音，就会不停地打。有一次，妻子和同事打电话，刚挂断电话，他就打了进来，还得意扬扬地对妻子说："我知道你刚才打了21分钟的电话，因为我在不停地拨。你刚才打给谁了？"妻子觉得这真是太恐怖了，要求丈夫不要连续给自己打电话，想在夫妻之间立界限，但是丈夫依然我行我素。

如果妻子特别想知道丈夫的隐私，或者丈夫特别想介入妻子的生活，那常常是夫妻之间的情感连接出了问题。夫妻之间所谓的边界不清，大部分时候是因为一方在情感上没有得到足够的安全感，所以才会更想跟伴侣有情感的连接，甚至逼着对方与自己联系。这种不安全感，不是哪一方的错，是夫妻双方共同制造的。

所以，当伴侣在婚姻中得不到安全感时，你去和他讲规则、讲界限是没有意义的。更有效的做法是思考："我可以做些什么让他更安心？我可以做些什么让他感受到我对他的爱？"比如，多给伴侣一些情感性回应，多一些肯定和赞美，多做一些床上运动，每天放下手机避开孩子和伴侣聊聊天，有什么矛盾或者委屈一起勇敢地去面对和解决等等，强调爱是最好的办法。

婆媳之间，我建议不要讲情感，而是讲规则。很多男人对婆媳关系有一个误解："我爱我的妈妈，所以我希望妻子也爱我的妈妈；我们是一家人，所以我们要相亲相爱。"我觉得，男人要求妻子像自己一样去爱婆婆，大部分妻子是做不到的，因为婆婆不是妻子的妈妈，她做不到将心比心，感同身受。但是，可以从规则上进行要求，比如要求婆媳之间相互尊重。情感上的要求不太现实，可是规则上的要求一定要有。

在现实中，有些女性不太尊重婆婆，是因为她们发现丈夫是和婆婆站在一起的。"他和婆婆是一家人，我是外人；在这个家里，到底谁是女主人？这是我的家，还是他们的家？"如果一个妻子觉得自己不能在家里做主，没有安全感，那么她肯定不会给丈夫和婆婆好脸色。

有一个妻子兴致勃勃地对丈夫说："我们去旅游吧！"丈夫马上说："好啊，把我妈也带上。"妻子沉默了一会儿，说："那我不去了。"丈夫很生气，大声质问："你什么意思啊，怎么就不去了？你是不是嫌弃我妈？"其实，妻子不是嫌弃婆婆，而是希望和丈夫单独去旅游，渴望一种亲密的感觉。她生气的不是带着婆婆旅游，而是丈夫不跟自己商量，就擅自做决定，在心里没有把她放在一个重要的位置上。

当婆媳意见不一致时，只要妻子的意见具有合理性，我建议丈夫听妻子的。涉及家庭的事情，丈夫要先和妻子商量，商量好再通知妈妈。夫妻商量的过程，其实是丈夫在向妻子传递这样的信息："我们是一个系统，我在感情上跟你更近，跟我妈更远。"如果丈夫遇事先和妈妈商量好再通知妻子，等于告诉妻子："我和妈妈才是一家的，你是外人。"妻子不生气才怪！

我觉得要处理好婆媳关系，主要就是这两句话：第一句是夫妻之间讲情感，婆媳之间讲规则；第二句话是坚持夫妻是一个系统，再来处理婆婆的事。

我们常说，婚姻是一场修行，其实婚姻比佛家的修行更难。佛家的修行是一个人的修行，婚姻却是两个人的修行，有太多的事情是自己控制不了的，会被焦虑、不安、失控、恐惧所困扰，受很多苦。想要婚姻幸福，需要放下幻想，多一些包容，多想想自己能为改善婚姻做些什么，不要总想着去改变对方。只要把自己负责的那部分做好，就可以为婚姻创造更多的可能性。

2

采访人：**付洋**

采访对象：**青音**，心联网科技创始人、全国播音主持"金话筒奖"得主、中国心理卫生协会会员，国内唯一一位在心理咨询和节目主持两个专业领域跨界传播的知名媒体人。

观点：恋爱的目的是成为更好的自己。做出结婚的选择，应该只与爱相关。

用更好的我，成就更好的我们

做出结婚的选择，应该只与爱相关

曾经有一个女孩向青音倾诉自己的心事："青音老师，我和男朋友的感情很好，已经同居了一段时间。我每天早上为他挤牙膏、准备洗脸水，他每天晚上为我做饭，和夫妻没什么区别。我觉得我已经准备好随时结婚了，可他却总是沉默。昨天，我妈又打电话来逼婚了，我的心理压力很大。男朋友说，现在我们不仅没有房子，也没有存款，他的事业刚刚起步，想攒两年钱再结婚。闺密说，不以结婚为目的的恋爱都是耍流氓，他这样是不是在耍流氓？"

青音告诉这个女孩，首先要相信男友的诚意，给他点儿时间整理自己，也给自己一点儿时间看清自己的需要。其次，给男友规定一个期限，如果他耗光她的耐心和柔情，不如果断分手，对感情止损。婚姻并非真心爱过的唯一凭证，只要真心爱过，就不是浪费光阴。接受沉没成本，也是一种智慧。在青音的帮助下，女孩终于不再焦虑和迷茫了。

对于大多数女人而言，结婚意味着"有个交代"，既是对父母、亲朋好友、街坊邻居、同事的交代，更是对自己一天天正在逝去的青春韶华的安慰——有人要，心里就踏实了，不用担心自己在婚恋市场贬值了。

但是，结婚不是人生的奖状，它需要两个人对未来生活的一致憧憬和相同信念。如果有一方没有准备好，都可能为婚姻埋下危机。婚姻，应该是恋爱水到渠成的结果。做出结婚的选择，不应该是为了让谁高兴，更不是为了让谁闭嘴，而应该只跟爱有关。

青音认为，爱情是年轻人生命中特别美好的阶段，我们要用心地去享受和品味它。有的人感情之路走得很顺利，初恋就结婚了，这是一种幸运。有的人要经历很多次恋爱，这也没什么，爱情像一面镜子，多经历一些，可以让你更了解自己。学会离别，也是人生重要的功课。有的人，可能最后没有进入婚姻。不婚只是一种生活方式的选择，并不代表人生失败。

无论结不结婚，成为更好的自己，是我们每个人要在爱情中学习的功课。更好的你，更好的我，才能成就一个更好的我们。两个人都能够管理好自己的情绪，有一个很高的自尊水平，有安全感，不用向外求。

很多人的恋爱状态是畸形的。有的女孩在恋爱中寻找理想中的爸爸，有的男孩在恋爱中寻找理想中的妈妈，失恋后就会特别痛苦。痛苦的不是失去了这个男朋友或者女朋友，而是失去了"一个人能够完完全全接纳我，像父母一样对我不离不弃"的幻想。

在童年时，如果父母没有满足我们对爱的渴望，恋爱时，就会把期待放在恋人身上。

有些女孩在恋爱时会表现得特别作，一方面是因为她没有安全感，总怕对方不够爱自己，所以要不停试探对方的底线；另一方面，就是"作"的心理需要在父母那里没有被满足。

小孩子的天性是作的，为了一个棒棒糖，就可以在地上撒泼打滚。然而，很多父母的爱是有条件的，你乖，你听话，你让爸妈有面子，你上进，爸妈才爱你，所以，越来越多的小孩不敢"作"了。

女孩恋爱后，想体验像小孩子一样作的感觉，并且期待恋人可以无条件地包容自己的"作"，就像理想中的父母一样。但是，这对恋人来说是非常不公平的，感情常常被作没了。

相反，如果在恋爱的过程中意识到自己的问题，开始学习做自己的父母，无条件地接纳和爱自己，内心平和。不再期待恋人像父母一样满足自己，也不再像教官一样挑剔自己，那么这样的恋爱，哪怕最后没有走向婚姻，也能让你终身受益。

婚前不懂浪漫，婚后拈花惹草

青音说，现在大部分"90后"已经开始在婚前探索爱情到底是什么。而以前的人对婚姻很看重，但是对恋爱不认真。双方条件差不多,在一起吃几顿饭、看两场电影、逛逛公园就结婚了。受父母的影响,一些"70后"和"80后"也是如此,只是约会的地点更加高级而已,一样没有多少精神交流,直奔结婚的目的而去。

很多人在婚前是没有享受过浪漫的。浪漫,不一定就需要送玫瑰花、巧克力,或者携手在雨中漫步。浪漫,没有规定的桥段或形式,其实就是你想让爱人感觉好的那个心。如果彼此婚前懂得浪漫,那么婚后就会愿意延续这份美好的感觉,继续为伴侣花心思、动脑筋。比如,一起看个电影,欣赏一处风景,读一本好书,亲手给对方做一份萌萌的小礼物……让生活富有情趣和活力,夫妻关系变得更加亲密。而浪漫和亲密,能够帮助我们抵御琐碎生活的消磨和外界的诱惑。

青音曾经接待过一对夫妻。丈夫和妻子相亲时都是大龄男女。在双方父母的催促下,两人相亲后没多久就决定结婚。之后,整天为了房子、孩子、票子而奔波忙碌。夫妻俩的对话差不多每天都是"孩子今天学习怎么样""爸妈有来电话吗""房贷什么时候还"之类的,没有精神层面的交流。因为不懂得浪漫,两个人都没有用心地去经营婚姻,让爱在婚姻中流动起来。

爱是人类的本能,每个人的内心都渴望一份真情。之后,丈夫在另一个女孩身上,实现了一次浪漫的恋爱,把婚前欠的课都补上了。出轨后,丈夫心里开始觉得亏欠妻子:"她又没做错什么,想想真是挺可怜的。"于是，开始想方设法地补偿妻子，讨她欢心，反而让妻子感受到浪漫，感觉婚姻更幸福了。于是，丈夫、妻子和情人各取所需，形成了一种合谋关系，组成了一个稳定的铁三角，这种畸形的关系持续了很多年。

因为没有让对方感觉好的那个心，丈夫即使背叛了妻子，也没有承受良心的谴责，没有那种"我心疼她，我怎么会把她放在一个每天承受欺骗的痛苦境地"的内疚感。顶多有一些不好意思，但是对原配做出一些补偿，他心里就放下了："我对她够意思了！"类似的婚外情故事，青音看过太多。

所以，青音认为，婚姻一定要从爱情开始，婚后带着浪漫的心情去用心经营婚姻，让彼此感觉更好。否则，我们可能会付出沉重的代价。

无论多爱，都不要姿态太低

青音发现，有不少人在爱情中的姿态太低，吃什么，你来定；去哪儿玩，听你的……完全没有自己的个性和主见。只要对方不离开自己，怎么样都好。可是，结果往往是什么都得不到。你越想留住他，他就越会远离你。

心理学上有一句话，别人怎么对你，是你教的。也就是说，别人对你的态度，正是你对你自己的态度。放在恋爱和婚姻中也是一样的,如果你觉得自己不值得被好好对待,那么,哪怕对方刚开始会对你好,后来发现你这么好欺负,也不会对你好了,这就是人性。

女孩子更要爱自己,爱自己就是一个建立自尊、提升价值感的过程。青音认真观察过很多婚姻,发现无论这个男人是成功人士还是普通老百姓,他都喜欢有自我的女性。无论是贤妻良母、全职太太还是女强人,都因为拥有自我而得到丈夫的尊重。

爱自己的人,自我价值感高,才敢在爱情中彰显自己的个性。举个例子,情侣约会看电影,男孩足足迟到了半个小时,而且没有道歉。如果女孩爱到卑微的程度,她是不会发脾气的,因为她不敢。他好不容易喜欢我了,惹他生气怎么办?而如果女孩爱自己,就敢发飙,说:"你自己去看电影吧,我不去了!"痛痛快快走人。他生气怎么了?我干吗和一个不懂得尊重我的人在一起?

同样是面对男友主动提出分手,不爱自己的女孩,会觉得一定是我不值得爱,是我不够好;如果是男友劈腿,会认为我没有那个女孩漂亮,没有她年轻;再反省和自责,如果我当初要是再温柔一点儿就好了,都是我的错……脆弱的自信心和价值感遭遇挫败,分手后久久都走不出来。价值感低,和谁恋爱都会走到这一步。如果别人已经欺负你了,然后,你再帮他欺负你自己,这就是典型的不爱自己。

而爱自己的女孩,则会认为是时间不对,对方没有准备好来爱我；我们的价值观、性格不太合适；我可能确实不是他喜欢的那一型，但是这不代表我有错，总会有人喜欢我这样的女孩……所以，分手不会造成太大伤害，一两个月就走出来了。她不会害怕失恋，也不会把结婚作为生活的唯一选择。因为无论结不结婚，她都能让自己过得很好。

爱自己，并不是为了嫁出去

那么，女人要如何爱自己呢？青音结合自己的经验，给出了3个中肯的建议。首先，要注意自己的形象，让生活有品质。哪怕生活的境遇再差，也不要让自己邋遢狼狈。青音在少女时代曾经看过陈丹燕写的《上海的金枝玉叶》。在"文革"时期，有一位上海名媛只有一两件衣服，但是，她一定会把衣服熨烫平整，让自己的头发纹丝不乱。哪怕她刚刚被批斗过，刚被拉去刷厕所，她给人的形象也是端庄的，这才是真正的名媛。

形象整洁、端庄、优雅就好，不一定需要穿名牌。就算喜欢买名牌，也要看这个名牌适不适合你。每一款设计都适合你吗？每一个名牌背后的文化，你都认同吗？

所谓的生活有品质，就是尊重生活的每一刻。比如前面说的那位上海名媛，即使生活艰难，她还是会拿出一两面粉做蛋糕，就在烧煤球的炉子上放一个蒸笼蒸。做好的蛋糕一部分给孩子，一部分给老公,还有一部分给自己。比如,有的女人忙了一天回家,抽出10分钟听听音乐,熏熏精油,看会儿书,给闺密打个电话……这些都能够滋养自己。

青音自己就是这么做的。她目前在创业阶段,工作特别忙。但是,每周一定会抽出时间和闺密见面,看一场演出或者电影。今年8月,青音和她的团队成功举办了500人规模的"三程之旅"邮轮嘉年华第二季。青音和武志红、黄启团、苏禾等十余位心理导师,在皇家加勒比"海洋神话号"上为学员们进行心理公开讲座,带领学员们开启了一段"旅程+课程+疗程"的"三程之旅"。在船上,青音不仅要参加百人心理公开课、学员心理工作坊自选小课和下午茶活动,平均每天还要接7个心理咨询的个案。但是,哪怕有10分钟空隙,她都会偷偷跑到甲板上玩自拍。留出时间来让自己开心,这就是爱自己的表现。

第二个建议是,女孩失恋或者失业的时候,要加倍爱自己。和痛苦共处的时间里,你可以难过。遭遇这么大的生活变故,你不难过,谁难过?但是难过的同时,别让自己掉下去。哪怕一边哭,一边嘴里含着一块奶糖也挺酷的。一想哭就往脸上贴面膜,或者去跑步,等从低谷走出来,发现自己皮肤白了,身材好了,人生多带劲儿!反正没约会(没工作),闲着也是闲着,赶紧去学各种技能。学外语,可能会认识外教;学舞蹈,可能会认识一个漂亮的舞伴……

当你把注意力放在自己身上,你会慢慢提升自我,于是变美了,变得能干了,变得优雅了,变得自信了……等你再遇到那个伤害你的人,或者伤害你的原单位,你会在心里想:"去你的,你现在还配不上我呢!"除此之外,所有的报复都是傻瓜行为,都是不爱自己的。

最后一个建议是,女人要有一个自我要求。做播音主持时,青音已经获得了两次"金话筒奖",她完全可以坐享其成。但是,她却硬是挤出时间跑去学习了6年心理咨询,跑到世界各地旅行,阅读了大量书籍。做更好的自己,这是青音对自己的要求。也正因这份自我要求,她才有今天的成功。

青音认为,一个真正爱自己的姑娘,就算嫁入豪门也不会放弃对自我的要求,而是坚持学习和成长。青音的一个豪门朋友,娶了一个年轻的太太。婚后,太太做了全职主妇。但是,她没有安享富贵,而是学习服装设计。学有所成后,创立了自己的服装品牌。现在,她的事业做得非常好,来找她做设计的人络绎不绝。她拥有自己的事业、爱好、朋友圈,因此赢得了丈夫的尊重和欣赏,婚姻非常幸福。相反,如果嫁入豪门后,一直过着被圈养的日子,不能按照自己的意愿生活,那么,很可能会因为失去自我而被对方抛弃,或者和伴侣过着貌合神离的日子。

青音说,恋爱的目的是成为更好的自己。爱自己,并不是为了嫁出去。

3

采访人：**付洋**

采访对象：**武志红**，资深心理咨询师，国内知名心理专栏作家。创办"武志红心理咨询中心"，在国内多个城市有分部。著有《为何家会伤人》《身体知道答案》《感谢自己的不完美》等书，作品销量超过百万册。

观点：弗洛伊德说，梦是愿望的实现，是潜意识的反映。当我们婚恋遇到困境时，不妨试试问问梦的答案。

梦会帮你认识自己

在武志红看来,读懂梦,是通往潜意识、了解自我的一个重要途径,尤其是在婚姻与家庭领域。

结婚之前,不妨问问你的梦

梦常常会给我们意想不到的启示。24岁的琦琦(化名)和男友相恋两年,很想和他结婚。但就在她接受男友求婚的当天晚上,本来欣喜若狂的她,却突然梦见男友的家人都在他们的房子里,挤得满满的,根本没有她容身的地方。

醒来后,她才意识到,男友本身虽然很优秀,但是他有一个大家族,而且所有家人的关系都纠缠在一起,非常复杂和麻烦。在梦的提示下,她和男友和平分手了。

在做类似结婚这种重大决定之前,武志红建议大家最好问问自己的梦。因为,当我们做重大决定时,我们本能的会有不安,梦会自动提醒我们很多东西。

可以在睡觉前先让身体放松,听听轻音乐或者泡个澡,用心地感受身体。然后,对自己的潜意识说:"我想到一个很重要的事情,这个事情是怎样的?我很想知道。我希望得到潜意识的提醒,请梦指点我……"

在武志红的工作坊里,有 90% 的女性可以在梦中找到答案,男性的比例只有 50%。这是因为女人主要活在情感里,男人容易活在头脑和逻辑里,所以,女人更容易在梦中找到答案。

武志红建议男性朋友平时多问问自己的感受是什么。逻辑很重要,但是我们一定要知道它只是一个工具。逻辑是为了用来理解你的感受是什么,而不是让逻辑替代自己的感受。如果愿意持续做这样的努力,男人也会做出相关的梦来,在梦中找到答案。

婚姻发生危机前,梦早已向我们示警

在婚姻咨询中,武志红发现很多夫妻做过类似的梦:梦见和伴侣打电话打不通,找对方怎么都找不着;总是和伴侣擦肩而过;站在悬崖上,脚下是万丈深渊……其实这些梦都是在提醒他们:他们的关系不对劲儿了。

武志红有一个朋友小芳(化名),她的丈夫经常做一个相同的梦:在梦里,他把她杀死了。小芳知道后哈哈大笑,还把这个事情当成笑话讲给武志红听。武志红却感到深深的不安,他认真观察了一段时间他们夫妻的互动，提醒她去用心体会丈夫的梦，因为这个梦是有意义的。

过了一段时间，小芳对武志红说："我觉得，他在梦里总想杀我，可能是因为他对我积攒了很多的愤怒。我对他实在太不好了。"

小芳是一个极度缺乏安全感的女人。在1岁时，父母因为工作忙碌，把她寄养在一个保姆的家里，而且很少去看她。过了很久，有一次，母亲去保姆家里看望她，发现她的生活环境特别脏乱，就像住在猪圈里一样。妈妈很心疼，这才把她接了回去。

但是，对于一个小孩来说，这是一个非常恐怖的经历。不倒翁之所以不会倒，是因为它有一个重心。而没有安全感的孩子，重心是很差的。因为对失控的恐惧，她的控制欲极强。家里什么事情都是她说了算，丈夫感觉自己一直被老婆打压，斗嘴又斗不过，日子过得很压抑。

而另一方面，小芳的内心还像小孩停在1岁左右的口欲期。口欲期的特点就是剥削，她感知不到别人，只能感知到自己。所以，在两个人刚结婚时，她就强迫老公签过一份协议，约定扫地、做饭等家务活儿都由他来做。这份极其不公平的协议本身就是一种剥削。

在极度的控制和剥削下，丈夫对小芳积压了很多不满和愤怒。而这些情绪都在他的梦里爆发了——所以，他总是在梦里杀死她。

虽然，他并没有杀她，但是这些情绪都是真实存在的。

在解读了丈夫的梦，重新反省自己的婚姻关系后，小芳做了很大的改变。她努力学习心理学，不断自我成长，学习尊重伴侣的感受，还主动承担了部分家务……最终，她化解了一场婚姻危机。

武志红说："重视梦的警示，其实就是尊重自己和伴侣的感受。只有先尊重感受，才有可能去表达，去坚持，去改变。如果你对自己的感受很不敏感，混混沌沌活了很多年，那有一天，伴侣突然之间要造反，你们的关系就会面临被撕裂的巨大危机！"

认识自己，让心灵和梦一起成长

在武志红看来，人最难的是有自知之明。只有知道自己是怎样的，然后才能够做出真正对自己好的选择。所以，梦的最大意义，就是帮助我们认识自己。

27岁的菲菲（化名）曾经做过一个诡异的梦。她梦见自己亲手杀死了一个23岁的女孩。在梦里，她觉得只要不说出是自己杀死了这个女孩，别人都会认为是她丈夫杀的。

武志红说，菲菲梦里的23岁女孩，具有很强的象征意义。因为在23岁时，菲菲被同学们评选为校花，这是她一生中最美丽、最光彩的时候。婚后，她很少参加社交活动，不买漂亮衣服，不再用心打理自己，渐渐变成了一个黄脸婆。她觉得自己为家庭牺牲很多，但是丈夫对她却越来越冷淡。她曾经对武志红抱怨说："那个男人把我的活力都压制没了，我要和他离婚！"

可是，这个梦却告诉她，杀死23岁的自己，是她主动的选择。不是丈夫杀死的，而是她亲手杀死的。她还把自毁的责任，推到丈夫身上。

通过自由联想，菲菲想起自己的妈妈。她也是一个美女，爸爸和妈妈离婚后，经常骂妈妈是一个狐狸精，一遍遍告诉女儿，漂亮的女人都是虚荣和轻浮的，都不是好女人。

在大学时，菲菲还可以为自己绽放美丽；可是她一走进婚姻里，爸爸对妈妈的那些负面评价全都冒了出来。于是，她开始主动压抑自己，不做漂亮轻浮的女人，不给丈夫增加压力，甚至故意扮丑。然而，她的做法，丈夫并不领情，因为他爱的是那个充满活力、热爱生活的菲菲。

在聊天时，武志红让菲菲明白了一个道理：每一个女人都应该保持她的风采。丈夫或许因此有压力，但是这份压力会让他更用心地珍惜她。

有一个女孩，总梦见自己的男朋友不停地出轨，而事实上，男朋友对她忠心不二。

梦是我们愿望的实现，女孩是想抛弃男朋友，但是男朋友又对她太好，她承受不了巨大的内疚感。于是，她希望男朋友能够先出轨，这样她就可以提出分手了。这是最原始的自我防御机制。

武志红认为，梦最神奇的地方是，当你的心理成长后，你的梦也会随之发生变化。

付月（化名）是一个乖乖女，从小妈妈掌控她生活的方方面面，她也习惯于依赖妈妈。长大后，她又找了一个控制欲极强的丈夫，因为他让她感到熟悉和亲切。丈夫不仅要求她所有事情都听他的，甚至控制她的人身自由。

因为无法掌控自己的人生，她的内心常常被不安和恐惧充斥。她最常做的一个梦是，她是一只没有翅膀的小鸟，站在悬崖边上摇摇晃晃。她紧紧地抓住悬崖的边儿，因为感觉要被人挤下去，要摔死了……不会飞的自己，眼前只有死路一条，梦里的她是那么绝望和无助。

在咨询时，武志红让她去感受自己的梦，感受自己的不安。他说："在婴儿期的时候，如果没有妈妈，你就会死掉。但是，你现在是一个成年人了，不是一个婴儿。用成年时的自己再去看不安全感，你会发现它只是一种感受……你活到这么大，肯定有很多时候是很有力量的。尝试碰触你一直害怕的东西，这本身就是一种勇气……"

而当付月碰触黑暗本身时，黑暗就被照亮了。她开始认识自己的身体、情绪，认识自己，不再依赖别人为自己做选择。有一天，

她做了一个美到极致的蜕变梦:

我是一只鸟,在一个黑漆漆的山洞里,山洞里还有很多我的同族。我们都不会飞,挤在山洞的岩石上,各自占据着一个窄小的位置不敢动弹,否则就会掉下去。

突然,我找不到我的位置了,最后一个位置被一只不是鸟的动物占据了。它冷冷地看着我,不打算提供帮助。我从岩石上掉了下去,像自由落体一样,那一刻我很恐慌。

但在跌落中,我突然发现,我有翅膀,于是我努力地扑腾翅膀,心里有一种莫名的信念,相信我一定能飞,而我果真飞了起来,再也不怕坠落。

我飞得自在而潇洒,我的一些同族也明白了自己可以飞。它们跟着我一起呼啸着飞出山洞,与经过洞口的一群白天鹅会合,飞向蓝天。这时,我发现,原来我和我的同族都是粉红色的天鹅。

我们还飞过大海、森林和湖泊。我发现,我们不仅能飞翔,还可以游泳。低低地飞过水面时,有人将水溅起,泼向我们,我觉得这没什么,毕竟这对我们构不成任何伤害。

就这样,这个一直被控制的女孩,终于找到了自己的力量,平衡了和母亲、丈夫的关系,开始了一段新的人生。

武志红说,了解梦,可以帮助你认识自己,反省婚姻,改变人生。

4

采访人：**付洋**

采访对象：**段新龙**，宗教学博士，中国心理卫生协会心理治疗与心理咨询专业委员会文化与心理治疗学组委员，西安电子科技大学终南文化遗产研究中心主任。主要研究佛教心理学，著有《佛都长安》《老舍的佛教情缘》《〈楞严经〉如来藏思想研究》等。

观点：通过正念，我们可以活在当下，回归本性，用一种更自在、更平和的心态，去经营自己的婚姻与家庭。

正念让我们活在当下

正念一词源于佛教,目前被广泛应用于心理治疗与调节。简单地说,正念就是一种不带评判地对当下体验的有意识的觉察。通过正念,我们可以发展觉察能力,更清楚自己的心理模式、人格面具,了解自己,看清婚姻困境的根源在哪里;我们可以疏导情绪,避免夫妻和亲子矛盾扩大化;我们可以接受自己,活在当下,让生活更加幸福。

困在过去,才是婚姻痛苦的源头

正念认为,在这个世界上,没有绝对的好与不好,一切的好与不好都是人们自己构建的。婚姻也是如此,让夫妻痛苦的往往不是事件本身,而是由"过去"构建的心理模式。

最典型的心理模式是"我不值得被爱"。举个例子,丈夫忘记结婚纪念日,妻子感觉很失落:"别的丈夫都给自己的妻子买礼物送花,精心准备一番,可他什么都没做,他是不是没把我放在心上?"当类似事件一再发生,有的妻子就会认定:他不爱我。

丈夫真的不爱她吗？不一定，可能是因为这个男人比较粗心、工作忙碌，或者妻子没有让他充分意识到，结婚纪念日对她的重要性。事实上，中国很多男性没有把情人节、七夕节、结婚纪念日、妻子生日放在心上，不懂什么叫作仪式感。尤其是结婚之后，他们表达爱意的方式是努力工作，把工资交给妻子支配，赚钱养家就是他们对妻子的承诺。

妻子把丈夫的行为与"爱不爱"联系在一起，是因为她潜意识里认为"我不值得被爱"，所以丈夫对她的忽视会被她解读为"不爱"。这种心理模式，可能源于妻子过去遭遇的一些创伤，比如她的父母是消极或者挑剔的人，习惯否定她、责骂她、忽视她，让她觉得自己没有价值，当然也就不值得被爱。

还有一些女性曾经有过被抛弃的经历，比如被父母抛弃、被男友或前夫抛弃，于是就困在了过去里。哪怕现在的丈夫对她很关心，她依然忍不住去翻他的包，查看他的手机。而丈夫一次偶然的晚归，都会触发她"我不值得被爱"的心理模式，进而引发一场夫妻战争。

还有一种比较常见的心理模式是"我不安全"。很多人认为如果拥有很多钱，自己就会很安全。但是，如果困在了过去，财富并不能让人感到安全。

我有一个朋友，他小时候家里特别穷，忙碌的父母顾不上他，还经常被同学欺负，内心极度缺乏安全感。长大后，他的事业非常成功，但他仍然缺乏对生活的安全感。在他的世界里，所有的一切都必须在他的掌控之下。

他住最结实的房子，并且到处布置监控。他买最安全的车，但从不去陌生的地方。他为自己和家人买了很多种保险，却还一直在思考可以应对各种可能出现的突发危机的方案。他就像活在套子里的人，将自己裹在层层的安全防护中。婚姻里也是如此，他要求妻子完全服从于他，遇到稍大一点儿的事情就必须向他请示。可想而知，他们的婚姻质量也是很差的。

在原生家庭中，如果孩子受到漠视、虐待、操纵等，便以假装的面目来获得爱。但是长大后，即使是在亲密关系之中，他们也会害怕自己的真实面目不被人爱，也不值得被爱，所以有种种的不安全感及人格面具、心理防御，内心有一层厚厚的麻木的东西，真实的感觉被麻痹、关闭了。

疗愈心理创伤，完成自我成长，是一个漫长的过程。我们可以先运用正念疗法帮助自己。正念可以让我们重新去感受自己被压抑的情绪，拥抱自己被压抑的那个部分。

通常产生负面情绪时，头脑中会想到一些具体的事情。我们不要联想，只是纯粹地觉察自己的感受，深深地进入感受当中。反复地去感受它、描述它，对感受命名。比如，可以说："此时此刻，我感觉紧张、冷、难受、胸部憋闷、心在下坠……"当感受被充分、深入地感受、表达之后，我们就和内在感受在一起了。

就好像内在有一个小孩,我们和他说话,拥抱他,安慰他,陪伴他。当被压抑的情绪被关心、被拥抱、被融为一体的同时,情绪的能量就得到了释放。相反,如果情绪被压抑,它就会想各种方法去对抗。比如,在"感觉被抛弃"的负面情绪的促动下,一方可能会发生逼迫伴侣发誓不出轨、把伴侣关在家里等行为。

所以,当我们难受的时候,就去全然感受"难受";当我们不安的时候,就去全然感受"不安"。慢慢地,你会发现,当你给它们一定空间的时候,允许它们表达自己的时候,你就能够和它们和平相处了。难受、不安的感觉依然存在,但是它们不会让你感到焦虑和痛苦,你能平和地接受它们。

当人们不被感受和情绪控制时,我们的心态就会更加平和、放松,更如实、更智慧、更慈悲地去看待婚姻中的问题:我是谁?他是谁?我们之间发生了什么?他说的什么话、做的什么事触发了我的情绪?他有什么潜藏的痛苦?我需要的是什么?我从他那里得到了什么?他需要什么?他从我这里得到了什么?我们处在婚姻的哪个阶段?我们所遇到的困难,是不是天下夫妻都可能遇见的困难?通过觉察,我们能够认识自己,理解对方,诊断婚姻中的问题,从而调整夫妻关系。

担忧未来，是因为没有全然接受自己

现实中，人们有很多担忧，比如担忧自己会发胖，担忧丈夫不上进，担忧孩子不能考上名校。这些担忧，其实源于没有全然地接受自己，潜意识里在否定自己、谴责自己。

有一次，一位来访者对我说，她很害怕自己发胖，偏偏她就是喝水都会发胖的体质，这让她很焦虑。我问她："发胖是怎么影响你的？"她回答："发胖会危及我的健康。"我说："抽烟会危及健康，喝酒会危及健康，熬夜会危及健康，不好好吃饭也会危及健康……生活中危及健康的事情不止发胖这一个。胖是事实，本身不带来什么，只有当你把胖与自我否定联系在一起时，胖才成了问题。"她沉默了好一会儿，说："我觉得自己胖了不好看，担心男朋友会嫌我丑，不喜欢我。我想把胖赶跑，让它不要来烦我！"我建议她先不要联想"发胖的未来"，专注地感受一下"胖"，不去拼命压抑它，看看感觉怎么样。过了一段时间后，她告诉我："好像不去压抑它后，'胖'只是成为我的一个念头，我的一个正常的特点，我没有非把它赶跑的执念了，心里轻松了很多。"

是的，从正念的观点来看，一个人的高矮胖瘦、勤奋还是懒惰、脾气温和还是暴躁，都只是他的"特点"而已。每个人都可以不同，拥有自己的特点。我们要去觉察和接纳自己本来的样子，而不是经常痛恨自己。

大部分人在自己的内心深处，都有个可恶之人的典型，这个可恶之人其实就是他痛恨并压抑自己的那部分品质。但是，越是压抑的东西，就越是会想方设法地反抗和浮现。

有一位来访者向我抱怨："我的老公不上进！每天下班回家总是玩儿，他为什么不用这些宝贵的时间来学习进修呢？"

我问她："你希望他进修，是在担心什么吗？"

她回答说："他的工作是没有编制的，随时都可能会下岗。进修可以提升他的抗风险能力，万一他中年失业怎么办？将来岁数大了，很难找到工作的！他为什么就不能趁着年轻，多努力一点儿呢？"

我问她："在你的人生中，有没有曾经痛恨过自己因为不够努力而错失了一些机会？"她愣住了："还真有。年轻时我很贪玩，结果没有考上公务员。后来我经常想，如果我当初再努力一点儿就好了。"

我问她："你是怨恨老公多一点儿，还是怨恨自己多一点儿？"

她一下就释然了："我好像是怨恨自己多一点儿。其实仔细想想，我老公对我挺好的。今天早上，看见我胃口不好，他还给我煮了一碗粥。"当她觉察了自己的心理模式，对未来的恐惧就减轻了很多。

有的妈妈不管孩子的兴趣与需要，给孩子报了很多兴趣班，导致孩子疲于奔命，很痛苦。这往往因为妈妈首先对自己是不满的，认为自己目前的生活是不好的，想急切改变这种状况，于是形成焦虑。

还有很多父母因为孩子学习成绩不好，经常骂孩子。有一位爸爸理直气壮地说："我打他骂他，是在为他的未来着想！他学习成绩不好，就考不上名校，将来找不到好工作，找不到好对象，一辈子都毁了！"

说是为了孩子，背后隐藏的还是父母自身的焦虑。每个人都会有受挫的经验，父母在总结时，他会倾向于将受挫归咎为"我当年没有好好学习，起点太低"，然后把对自己的怨恨与不满，投射到孩子身上。

同时，在这个充满竞争、快节奏、压力大的社会环境里，父母也有一种自我失败的恐惧。这种恐惧情绪占满了他的心理空间，所以，教育孩子时，他往往只能看见学习成绩这一点，而看不到孩子的全部，更无法接纳孩子的全部。表面上，他在否定孩子，其实，他是在不停地否定自己。孩子就像一面镜子，透过这面镜子，他反复看到的，其实都是自己被压抑的焦虑和恐惧。

每个孩子都是希望自己好的，都有向上的心，只是他们会自我防御。有一次，我的孩子考了80分，他对我说："我们班还有更差的，那几个才考了70分。"这是合理化的防御模式，我知道他这么说，是想让自己舒服一点儿。我也能觉察到他的情绪，理解孩子心里其实不好受。但是，有的父母对孩子的情绪没有觉察，听见这样的话就会很生气："你为什么不跟好的比？你这个孩子没救了！"天天骂孩子，数落孩子，时间长了之后，孩子就会觉得自己非常差劲儿，怨恨自己，形成自我认同：我就是一个差劲儿的人。然后，破罐子破摔。没有觉察自己，也没有觉察孩子，这就是一种非正念的教育方式。

除了在心理上全然地接受自己，还可以通过放松身体来缓解焦虑。身心是合一的，身体是潜意识和情绪的容器。中医说思伤脾、恐伤肾、忧伤肺、怒伤肝、喜伤心，情绪对身体的影响很大；反过来呢，身体的放松，也有助于情绪舒缓。

当焦虑来袭时，首先会表现在身体上，比如肩膀的紧张感或者内心的紧缩感。这时候，可以找一个舒适的位置坐下，脊柱正直，保持清醒。闭上眼睛感受呼吸，把思想集中在一呼一吸之间，让自己平静下来，安顿好自己的身体。

当有杂念的时候，你不去跟随它，也不责备自己，继续回到呼吸。然后温柔专注地对身体进行扫描：我的头部是什么感觉？暖的，凉的？我的额头、眼睛、嘴巴、耳朵是什么感觉？从头、脖子、肩膀、胳膊、手、胸腔、腹部、背部、腰部、脊柱、骨盆、臀部、腿、脚……慢慢地扫描全身。如果某个地方有强烈的感觉，停留在那里，感受它、觉察它，和它待一会儿。身体扫描的正念训练，不仅可以缓解焦虑，还能够让身心合一，给心灵一个舒缓的空间，给身体重新注入生命的活力。

全然地接受自己，不意味着什么也不干，放弃努力。相反，当我们真的全然接受自己时，我们会带着喜悦、放松的心情去工作和生活，我们的心不会被焦虑带走，做什么事情都会更加专注和开心，效率反而更高。只有全然地接受自己，拥抱真实的自己，解除深层的焦虑，才会让自己活得轻松、自在。

活在当下，拥抱生命的圆满

过去已过去，未来还未来，此时此地就是当下。怎么才算活在当下？佛教里有一个小故事，一名弟子问禅师："悟了之后会怎样？"禅师回答说："没有悟的时候，是吃饭睡觉。悟了以后，还是吃饭睡觉。"

没有领悟正念、活在当下的人，当然也会吃饭睡觉，但吃饭的时候，脑子里有很多杂念，想这想那，比如一边吃饭一边看手机，食不知味。比如吃樱桃，你专注地吃，会看见樱桃是红色的，闻见樱桃的清香，感受牙齿在细细地咀嚼，樱桃的果肉从舌尖进入喉咙……这时候，樱桃就会变得特别甜美。但是，如果你的脑子里一直在担心"我的股票会不会被套牢"，你是感受不到樱桃滋味的。睡觉也是如此，睡觉的时候不能安居当下，脑子里怨恨过去、担忧未来，怎么能睡得踏实呢！睡觉要先睡心，后睡眼；

吃饭也要先空心，再吃饭。

品味美食，闻闻花香，听听流水的声音，看看天上的云，感受清风拂面，调动你的五感，去体味当下每一分每一秒的美好。

和伴侣在一起的时候，放下手机，关掉电视，专注在双方的情意与气氛中：放下对过去的抱怨与对未来的恐惧，聊一聊当下的事情与感受。陪伴孩子的时候，放下工作与家务，专注地和孩子在一起……试试坚持一段时间，你的生命会变得更加丰美。

活在当下，需要我们学会拥抱自己、爱自己，培养积极的情绪。事实上，我们所追求的安全感、成功、财富、地位、权力、赏识、认可、赞美，大多数都是为了间接赢得爱，以填补我们内心的空洞，抚平匮乏感。不过，大多数人拼命追求之后，都会南辕北辙。因为向外索求，只会让我们离自己越来越远。我们还是会困在过去和未来之中，不能活在当下。

其实，我们每个人的本性是圆满、合一、放松、喜悦、爱、温暖、安全、忘我、敞开、真实的。这是每个人生来就具有的东西，每个人都渴望回到圆满的本性。当自我被恐惧、期望、杂念、欲望等干扰，圆满本性便无法自然地流淌出来。我们可以试着通过正念训练来打开心门：安静地坐在椅子上，排除杂念，回忆自己被爱、被拥抱的美好时刻。然后，感受自己被爱、被拥抱的感觉，和这个感觉融为一体。还可以把手放在心脏的位置，对自己说："愿我感到被爱，愿我知道我被爱拥抱，愿我知道爱是我的天性……"

这会让我们在爱的情感中开放、温暖，让我们更加友善、慈爱，更有力量。

正念是需要坚持每天练习的，它是一种生活方式，不要期待三言两语就可以创造奇迹。经过一段时间的正念训练之后，你会发现，其实幸福和快乐是我们自己本来就拥有的，不用依靠别人来获得。

如果我们不能活在当下，再美妙的音乐也欣赏不到，再美好的爱也感觉不到。当正念成为你生活的自然状态时，你会发现，浑然天成的喜悦感和圆满感，实际上原本根植于我们的内心。

5

采访人：**付洋**

采访对象：**赵永久**，心灵智慧婚恋培训机构创始人，婚姻家庭咨询师，情感教练，《爱的能力》系列课程讲师，多家卫视情感节目嘉宾，著有《爱的五种能力》《恰到好处的恋爱》等。

观点：认识和疗愈自己，合理地设定择偶标准，管理好恋爱关系进度，如果能够做到这三点，你就可以拥有一份恰到好处的恋爱。

你可以拥有一份恰到好处的恋爱

2017年6月,我出版了一本新书《恰到好处的恋爱》。从2008年至今,我讲了近10年的恋爱课程。之所以讲恋爱课程,是因为有太多的人寻寻觅觅多年,却找不到对象;相亲无数次,总是以失败告终;谈了很多年恋爱,却走不进婚姻;走进婚姻之后,才发现自己好像谈了一场假恋爱。

合理设定择偶标准,你才能找到合适的对象

多年前,我曾经在一家知名的婚恋网站工作过,我所在的部门为VIP会员介绍对象。工作了一段时间后,我渐渐发现,很多人找不到对象,不是因为缺少资源,而是因为缺少好心态和好理念,择偶标准设定得不合理。

女孩的择偶标准普遍偏向完美:学历要本科或研究生以上,个子高、长得帅,月薪两三万、有车有房,有责任心、感情专一,性格开朗、幽默、博学,不吸烟不喝酒,无不良嗜好。甚至有的女孩还会要求男方有8块腹肌。

我一般会邀请女孩们先列出自己的 10 条择偶标准，写得越具体越好。然后再思考，完全符合自己择偶标准的男人，他的择偶要求可能是怎样的？做完这个练习，她们会发现：这样的男人可能会要求一个年轻、漂亮、温柔、身材好、本科或研究生学历、收入也蛮高的女孩，自己可能不是完全符合对方标准的那个人，从而调整自己的期待。

放弃一些刻舟求剑的无效标准，可以让我们有更多的选择。有个女孩坚持要找月薪 5 万元以上的对象。我问她："在公司里，月薪 5 万元以上的男人，职位需要到什么级别？"她想了想，回答说："可能要到副总吧。"我说："北京有多少个副总级别以上的未婚男人呢？你可以算算。何况，还有那么多仰慕他们的女员工在一旁虎视眈眈呢，竞争很激烈哦！"女孩笑了，她不再坚持这个无效标准，而是把重点转移到对象的人品上。后来，她找了一个月薪只有一万元，但是很有修养、对她很体贴的男朋友。

还有很多女孩不能接受另一半有缺点。我邀请女孩们列出自己的 3 个缺点，大家都很快列出来了。然后我说："每个人至少有 3 个缺点，这代表未来的对象要接受你，就要同时接受你身上的 3 个缺点。那么从现在起就思考：你可以接受对方身上的哪 3 个缺点呢？"我用这种方式提醒她们：你要允许对方有缺点。这样，当她们找对象时就会多一个加工的过程：这是一个有缺点的人，他的缺点是我可以接受的吗？而不是一见人家有缺点就直接排除掉。

但是，如果对方有赌瘾、毒瘾、酗酒、暴力这类缺点，代表有严重的心理问题，行为失控。女孩们必须要远离，保护好自己。

而男孩择偶的标准，则过于强调容貌和身材，往往忽视了内在。从心理学上看，男人是感官动物，受到本能的性欲所驱使，漂亮的女孩会让他产生强烈的性欲。但是，他可能就会因此错过很多善良、可爱、温柔、体贴、贤惠、能干的好女孩。

有个男孩坚持自己的择偶标准，辛辛苦苦找到一个漂亮的女朋友。但是因为女朋友太漂亮了，很多男孩都喜欢她，想方设法和她搭讪、送礼物，男孩完全没办法从恋爱中得到快乐，他怀疑女友花心，更没有信心结婚。所以，漂亮真的不能代替一切。

我建议大家不要按照心中的理想，在茫茫人海中寻找，而是要根据现实原则，积极主动去认识更多的异性，然后择优交往。

搭讪是邂逅异性的一个好办法。想要搭讪成功，需要注意三个原则：第一时间开口，以第三方事物为共同话题，问最容易回答的问题。

我曾经在乘车的时候，运用搭讪的技巧认识了一个女孩，她就是我的太太。当时，我刚在长途汽车上坐下来，她坐在我的前排。准备买票时，她的钱包掉在了地上。我帮她捡起钱包，顺便和她搭讪——要在邂逅的第一时间开口，这样会显得搭讪很自然。如果你默默地跟随、观察女孩好长时间才开口，对方肯定会怀疑你居心不良。

我问她："我刚上来，上一辆车是刚刚开走的吗？"她回答："对。"——问最容易回答的问题，让对方不用思考，不用为难，这样互动才容易开始。

我没有聊彼此的个人情况，而是聊路况："路上很堵啊，以前不是这样的。"她就说："是呀，坑坑洼洼的，好像在修路，又下着雨很难走……"——以第三方事物为共同话题，会让对方感觉很安全，卸下防御。

就这样，我俩足足聊了两个多小时。在聊天中，我感觉她对人很友善，让人忍不住心生亲近。下车后，我帮她把行李搬到她换乘的车上，之后，正式展开了追求。我的很多学员都运用搭讪三原则，成功认识了心仪的异性。

除了搭讪以外，相亲也是结识异性的好办法，可惜很多人相亲时的心态很不好。有的人是带着一颗挑剔防备的心去的，见到人家就上下打量，这样气氛就会很尴尬，聊不下去。我建议大家要用约会的心态去相亲。这是一种自我认知的调整策略，当你带着约会的心态，想象对方是你的男朋友（女朋友），你就会给对方发出一种友好的信号，这种友好会唤起对方的友好，相亲就容易成功。相反，当你带着挑剔防备的心态去相亲，对方也会反过来挑剔防备你。

最关键的是，我们要带着一种真诚、开放、友善的心态去结识异性，不拒绝任何可能性。给别人机会，其实就是给自己机会。

关系进度管理，恋爱太长太短太频太快都不行。

我一直认为，恋爱就像煮饭，火候很重要，谈的时间太短，饭会夹生；谈的时间太长，饭就煳了。恰到好处的恋爱，就像当季的水果一样自然成熟的才最好吃。

随着生活节奏的加快，有些年轻人选择了闪婚，恋爱两三个月就结婚。在自然界，小鸟需要通过唱歌、跳舞去吸引异性，互相接触，一起觅食，我觉得人类恋爱也要经历一个自然的过程：慢慢地接触、试探，最后建立关系。恋爱，一定是需要时间来谈的。

很多女孩经常困惑的是：他到底是不是真的爱我？其实很简单，交给时间来检验。如果他对你的好，只是一种追求策略，那么当你们的关系稳定之后，他真实的一面就会呈现出来，水落石出。

如果按照一周约会一次的频率，至少约会50次才能走入婚姻。因为，没有那么长的时间，你不可能了解一个人；没有那么长的时间，培养不出感情来。不了解再加上感情基础薄弱，婚后肯定会出现很多矛盾，闪婚的结果往往是闪离。

恋爱谈的时间太长也不好，有的人恋爱长跑五年八年，甚至十几年。如果恋爱时间太长，感情平淡，又没有婚姻这种外在约束，其中一人很容易就被别人吸引走了。一般来说，激情最多持续三年，所以，我建议恋爱的时间最长不要超过三年。

有的人虽然每一次恋情的时间都不长，但是谈了很多次，对象换得太频繁,所以迟迟不能走进婚姻。恋爱的失败率高,一方面,可能是因为择偶标准制定得不合理,容易失望分手;另一方面,可能是因为带着情伤上路,所以谈一个,黄一个。

和恋人分手后,无论男孩还是女孩在心理上都会经历丧失,心中会有一种撕裂的痛。如果,我们去用心感受因为丧失而产生的情绪,这个过程就是哀伤。分手后,一定要有充分的哀伤,想哭就哭,只要别影响正常的工作和生活就可以。可以每个星期定一个"哀伤时间",一次不超过一小时。如果没有充分的哀伤,痛就会隐藏在心里,以后,但凡能让你回忆起前任的人、物、场所甚至是音乐,都可能会唤起心中的痛,然后下意识地去压抑、回避,这就会形成心理内耗,导致人出现焦虑、易怒、抑郁等很多情绪问题,也就很难带着良好的心态进入下一段感情,恋爱失败在所难免。

没有心理创伤的人,最多哀伤半年就能走出来。有心理创伤的人,分手可能会唤醒创伤,靠自己走不出来,需要接受心理治疗。创伤形成的时间越早,程度越严重。举个例子,如果婴儿睡醒后,爸爸妈妈经常不在身边,他就会恐惧,怕黑、怕鬼、怕失去父母,有很强的生存焦虑。长大后,他找对象一定要找一个能照顾自己的人,弥补父母照顾的缺失。一旦分手,婴儿时期的创伤就会被唤醒:我身边又没人了,我的照顾者又没了,我会死的!他会极度痛苦,甚至觉得呼吸不过来,抑郁。建议先疗愈好自己,再进入爱情关系。

我们要像煮饭控制时间和温度一样，管理恋爱关系进度，尤其是女孩。

当恋爱关系确定后，男孩一般就想马上发生性关系，建议女孩不要答应，可以对他说："我知道你喜欢我，我也很喜欢你。但是，我觉得自己还需要一些时间来了解你。请再给我一些时间，当我有足够的安全感时，或许我就能放心地把自己交给你！"如果男孩真的爱女友，他是愿意等的。

当女孩确定彼此已经足够了解，确定自己想和他结婚时，可以在男友提出性要求时，把关系向结婚的方向进行实质性的推进。比如，提出见见双方的父母，讨论结婚的事情。理由是："我认为，只有确定是以结婚为目的的恋爱，彼此之间才可以发生性关系。"这样可以避免恋爱长跑。

很多女孩担心一旦拒绝男友的性要求，对方会不理她，或者干脆消失了。如果他真的跑了，就代表他谈恋爱只是为了上床，而你谈恋爱是为了结婚，双方的目标不同，分手也没什么可惜的。恋爱关系进度管理就像一块试金石，可以让"不靠谱先生"原形毕露。

在现实中，男人是一种很矛盾的动物。一方面，他希望和很多女孩上床，体验性爱的快乐；另一方面，他又希望自己的老婆只跟他上过床。所以，如果太快太轻易地和男友发生性关系，他们会想：你这么快跟我上床，是不是跟别人也这样，你是不是很随便？然后把你从老婆候选名单中划掉。

相反，我曾经问过几十个单身的男学员，如果女孩做恋爱关系进度管理，他们会是什么感觉？他们的反应很一致：这样的女孩很自爱！我更喜欢她！她很适合做我的老婆！

男孩也需要进行恋爱关系进度管理。约会的前3次，建议最好连女友的手都不要碰。3次以后可以在看电影等合适的机会轻轻碰触一下她的手或手臂，试探她的态度。她没有表现出反感再拉手，给她一个适应的过程。拥抱、接吻、做爱，都像牵手一样先试探一下。坚持一个原则：循序渐进，不强人所难。

如果能够做好恋爱关系进度管理，恋爱的成功概率就会大大提升。

认识和疗愈自己，在爱自己和爱别人之间找到平衡

恰到好处的恋爱，除了在恋爱时间和进度上要合适外，还有一层更深的含义：要在爱自己和爱别人间找到平衡。就像玩儿跷跷板，找到一个双方都能接受、都舒服的支点。

如果过度爱自己，就会导致以自我为中心，强势、任性，不尊重对方。比如，有些女孩把男友当成用人，每天指使他做这个做那个，吃什么玩儿什么都得她说了算。有些男孩只关注自己的感受和面子，打麻将让女友陪，出去和朋友吃饭也要女友陪，只玩儿他喜欢的东西，不停向别人表明：我的女朋友很乖很听话。越是不成熟的人，就越想要控制，而且还会把控制合理化：你身为男朋友就该怎样，你身为女朋友就该怎样。

如果过度爱别人，就会不关心自己的感受，他说什么都是对的，自己做什么都尽着人家，把自己的行为合理化，美其名曰"奉献"。久而久之，对方可能因为你没有自我，失去对你的尊重与爱。

过度爱别人的背后是深层次的恐惧，担心自己不够好，担心自己被抛弃。如果婴儿时期的需要没有被满足，比如想要吃奶时，妈妈却经常不在身边，就会产生一种无力、无能、无助的感觉，感觉是因为自己不够好，才没有得到应有的照顾，因此不接纳自己，不爱自己，需要疗愈自己。

区分自己是否过度爱别人很简单，就看你对别人好时，是不是在压抑自己，自己的需要是不是被忽视了。比如，你和男友的口味明明不同，可你从来只做他爱吃的菜，这就是过度爱别人。

当我们迷恋一个人时，也可能会过度爱别人，忽视自己的感受和需要。因为你觉得他就是你的理想，绝对不能错过他。我曾经遇到一个女孩，她说："我的男朋友愿意为我打架拼命，我很爱他，愿意为他做任何事！"我对她说："一个善于或者是常常使用暴力去解决问题的人，那是他的人格。现在，他能为你打别人；等你们之间发生冲突时，他就可能会打你。现在吸引你的地方，你将来可能要为它受苦。"

这个女孩缺乏安全感,特别渴望被保护。当一个男人肯为她拼命时,恰巧满足了她爱的缺失。她并不了解真实的他,这不是爱,而是迷恋。

在爱自己和爱别人之间找到平衡,其实就是要保持"双中心":你的感受很重要,我的感受也很重要。这需要我们自我成长,认识自己,看清对方。

首先,要认识自己。我有什么需要和渴望?我为什么会喜欢这个人?我被他什么地方吸引?这可能是因为我的心理有哪些缺失?认识自己,能更加关注自己的感受,不容易迷恋对方。其次,要看清对方,不要把他理想化。真正的他是一个怎样的人?他和我相处时是什么感觉?他需要什么?我可以在一定程度上怎么满足他的需要?恋爱,是要和真实的对方相爱;结婚,是要和真实的对方生活。

平衡,不是"今天你陪我做这个,我明天陪你做那个"这种形式上的平等,这是交易,而不是平衡。我和太太喜欢运用游戏的精神,来协调彼此的需要,实现平衡。我俩曾经列过梦想清单,分别列出各自的50个梦想,然后看看彼此有没有相似的梦想,相似项就是我们以后努力的方向。双方都想做的事情,优先级最高。比如,我的一个梦想是去西藏,她的一个梦想是找个安静的地方养养心。然后,我俩就一起去西藏自由行,感觉特别好。不相似的梦想，大家可以一起沟通协商，轮流进行。平衡，就是彼此达到最大限度上的满意，都不觉得委屈。

恋爱，是一个人与人情感连接的过程。用我的爱来唤起你的爱，用你的爱来回应我的爱，让爱慢慢积累直至结婚。所以，首先要让爱住在心中，因为爱人，是用来爱的。然后再合理地设定择偶标准，管理好恋爱关系进度，认识和疗愈自己，这样你就可以拥有一份恰到好处的恋爱。

6

采访人：**张慧娟**

采访对象：**马龙**，意大利罗马大学心理学、哲学与艺术博士；瑞士苏黎世国际分析心理学协会（IAAP）意大利分会（AIPA）成员；美国国际生物能分析疗法学会（IIBA）意大利社会生物能分析组（SIAB）成员；意大利罗马新科考勒大学心理咨询与心身疾病精神病学以及精神性肿瘤学特邀学者；飞迪曼心理咨询中心特邀国际督导师。马龙在梦及身心关系方面有深入研究，迄今为止，已经研究及解释 4 万个梦。

观点：强大的爱情与美好的婚姻，基于夫妻间的人格独立。因为只有懂得给予、懂得感恩，他们才能理解彼此，拥有成熟和亲密的关系。

美好的婚姻基于夫妻间的人格独立

藤缠树一样的婚姻

舒婷曾在《致橡树》中写道:"我必须是你近旁的一株木棉,作为树的形象和你站在一起。"诗句很形象地表达了爱人之间彼此独立,却又相依相伴的理想状态。但并非所有的爱人之间都能拥有这样独立又相依的关系,采访马龙之前,我曾看到过这样的读者来信:

"老公是我的初恋,我们结婚还不到半年。我从恋爱的时候就非常依赖老公,他对我也非常好,早上起床时都是他帮我穿鞋子。每天他都要早起去上班,可我总喜欢拽着他再跟我躺会儿,他每次都迁就我。我巴不得老公时时都陪在我身边,有时候他给我打电话少了,我心里就很失落。他不在我身边的时候,我就觉得自己很孤单……"

这是一位对老公有着深深依赖的女性,她所有的关注和感受,甚至她的全部生活都"捆绑"在老公身上。在婚姻关系中,这样的女性不在少数,她们深深依恋、依赖着对方。

马龙说,"依赖"一词源于古拉丁语,在拉丁语中"dependentia"是由两个词组成的:"de"的意思是"从",而动词"pendere"则是"向下弯曲,依附于更高等"的意思。因此,经常用到"dependentia"的情况有:一个果子从树枝上垂下来。很显然,果子需要依附在树枝上,不然它会掉在地上;或者我们可以理解为,果子并没有与树枝分离,它是树枝的一部分。

人与人之间的"依赖"也是一样的,"依赖"意味着人格不独立,他们无法独立存在,需要他人的支持或者维持;他们常常无法想象,自己离开对方的支持之后会是什么样子。有关"依赖",最极端的案例便是婴儿对母亲的依赖,如果没有母亲的支持,婴儿甚至无法存活下去。但这是人类发展过程中必然要经历的阶段。而成人呢?那些人格不独立的人,一旦失去伴侣的支持,他们常常会失去勇气和自信;他们的依恋源于个人需求,有时候甚至是自私的需求。他们中有许多人只是一味地索取,只在意我喜欢什么、我需要什么,并不在意对方需要什么,这是一种病态的表现。

这样的关系之下,婚姻会怎样?

一位非常依恋老公的女士说:"我发现他好像对我越来越冷漠,有时候跟他在一起,他表现得很不耐烦,甚至还会训斥我。我觉得他好像不爱我了,越来越不重视我了。"

过度地依赖和索取,会让伴侣深感疲惫,甚至是厌倦。伴侣对他们的爱和欣赏会慢慢消失，甚至会离他们越来越远。

如果两个人都不够独立、依赖性很强，走进婚姻也许会更糟糕。他们都依赖对方，等待对方来支持自己，来改变现状，来促进事情的发展，自己却没有任何主动性；他们的生活也许会在懒惰与百无聊赖中度过，会越来越平淡、贫瘠；他们会慢慢感到彼此的无趣，感到彼此之间的爱越来越少，并因此和对方走得越来越远。

他们为什么会依赖

是什么原因让他们变得这么依赖、无法独立？

马龙认为原因有很多。

比如，婴儿时期正常的依恋，却持续到成年。再比如，父母给的爱不够，或者给得太多。对此，马龙打了个比方，吃得少，人会饿，总想吃；吃得多，会对食物上瘾。对于两岁以下的孩子，马龙建议父母只给他们需要的，对于孩子没有表达的需要，不要过多给予。很多家长总是预先设想孩子的需求，或者不等孩子提出需求，就开始满足。马龙认为这样的做法特别不好，在这样的环境中成长起来的孩子，依赖性特别强，因为他习惯了被给予。

如果一个人有严重的心理疾病或者童年创伤的话，也会导致人格依赖。马龙还提到母子共生现象。对于四五岁之前的孩子来讲，共生是必须的。但随着他们不断长大，开始跟母亲产生一定的距离，孩子年龄越大，跟母亲的距离应该越远。

如果母亲为此感到受伤，她的反应可能会使孩子感到愧疚或者恐惧，孩子就可能放弃分离而继续依附于母亲，变成一个有依赖性的人。

当他们成人之后进入亲密关系，这种依恋、依赖倾向就会突出地表现出来。他们对亲密接触的要求似乎永无止境，每当他们认为自己被对方忽视的时候，便会感到被遗弃，就会愤怒，就会恐惧。他们往往表现出强烈的占有欲，要求对方时时刻刻的关注。

既然人格不独立的人无法面对伴侣离开的日子，那么，当婚姻和情感发生变化的时候，他们是不是更容易做出不理智的行为，比如，自残、自杀或者是毁灭对方？

马龙说，首先，我们不应该夸大这些极端现象；其次，我们需要知道的是，人格不独立的人确实存在一些心理症状。比如，我们能看到一些与此有关的新闻：某个男性杀死了自己的前妻，或者是因为现任伴侣想要离婚而杀死对方……但能在新闻上看到这些报道，也就意味着这些行为是极端的、不寻常的。现实中，更有可能发生的是抑郁、绝望的情绪，或者是在工作中和人际关系中"犯些错"，比如，拿孩子撒气等。马龙就接待过一个来访者，在夫妻关系中，她是一个依恋者，被丈夫抛弃之后，变得非常抑郁，以至于根本无心照顾自己的孩子，无法尽到一个母亲的责任。

强大的爱情基于人格的独立

不难看出，"缺少独立性和过于依赖"在婚姻里埋下种种隐患，让婚姻经受着这样那样的考验，甚至岌岌可危。与此相反的是，人格的独立可以营造更良好的夫妻关系，或者说，一段美好的婚姻是基于夫妻间人格独立的。

因为想拥有美好的婚姻，夫妻要对彼此心存感恩，既有给予，也有回馈。而感恩之心就是在人格建立的过程中，慢慢形成的。

人格孕育于母婴关系。最初，婴儿认为母亲是强大的、全能的，他对母亲的需求像"暴君"，母亲必须随时满足他的所有需求。但随着婴儿的成长，他开始渴望独立，这时，对于母亲不再像以前那样依赖，甚至对母亲的情感有所降低。

孩子再长大之后，他开始意识到，母亲不是全能的，她只是一个普通的人，并不能满足自己所有的需求，他需要独立去面对很多问题。这是一个复杂的过程。

之后，孩子开始在独立性上有所成长，并且对于母亲的感受发生翻天覆地的变化，他不再像"暴君"一样无休止地索取，而是开始学会感恩。

"如果一个孩子在成长的过程中，最终能够学会感恩，那么他的人格就从依赖和索取，成长为独立和成熟。他长大之后，就能够和他人建立深刻、强大的爱情关系，这种爱情关系是基于人格独立基础上的。如果人格没有独立，建立起来的爱情就像婴儿，不断贪婪渴求，总是想得到对方的付出或者所有，却不知道给予。他们也无法明白，其实是需要先给予，才更值得对方爱。"

马龙说，强大的爱情都是基于人格独立的，身在其中的人会想要给予对方支持，而不只是想要得到支持或者依赖对方；他们会更深刻地了解，爱情意味着给予爱的欲望和能力，而不是一味地索取。而且，他们对伴侣的爱是不会减少的，因为在这个过程中，他们并不只依赖于对方的支持，不只依赖于对方来促进事情的发展，而且自己有更多的主动性和创造性，两个人因此一直在互相成长、互相了解。他们会不断发现新的事物、新的感受，来不断促进他们的爱情，这也是为什么强大的爱情是基于人格独立的原因。

马龙还认为，感恩是最深层次的爱情。如同婴儿的成长过程，在他逐渐走向独立的同时也懂得了对母亲的感恩，这是母子关系走向成熟和深入的一个体现。夫妻感情也是如此，人格独立的人才更懂得感恩，懂得感恩是夫妻关系成熟的体现，也是最深层次的爱情，没有感恩就没有真正的爱情。"感恩让我们知道，伴侣给了我们非常重要的东西,也让我们意识到,慷慨地给予他人并不是一件容易的事情,这会让我们更理解伴侣是需要努力才能做到慷慨给予的。"

保持夫妻之间的人格独立,懂得彼此给予,懂得感恩,这就是马龙眼里"最强大的爱情"。

第二章
更接近生命的亲密

你是这岁月被记得的原因，也让这条路有了不一样的风景

///////////////////

>>> 丛中 / 方刚 / 马晓年 / 甄宏丽 / Marianne 博士

1

采访人：**付洋**

采访对象：**丛中**，精神医学博士，北京大学精神卫生研究所主任医师，中国心理卫生协会心理治疗与心理咨询专业委员会副主任委员。

观点：好的性爱关系要具备3点：增加个体的幸福感，平等对话尊重差异，让每个人可以做自己。

婚姻里的爱，是双向流动的

1990年，身为精神科医生的我，开始从事心理治疗。迄今为止，性爱是来访者向我咨询最多的问题。那么，在婚姻中，什么样的性爱关系算好的呢？我认为要满足3点：增加个体的幸福感，平等对话尊重差异，让每个人可以做自己。

让性在爱之中，增加个体的幸福感

在国外，曾经有一个上万人的调查数据：在性生活中，男人达到性高潮需要2～5分钟，女人达到性高潮则需要5～10分钟。在20世纪60年代之前，性学家是这样解释男女两性差异的：女人就是生孩子的，是男人泄欲的工具；女人的身体天生不具有享受性爱的能力，所以反应迟钝。这种观点甚嚣尘上，一直持续了很多年。

1966年，W.马斯特斯和V.约翰逊合著的《人类性反应》一书，彻底推翻了这个观点。马斯特斯和约翰逊通过382名女性和312名男性受试者的一万多次性高潮录像，发现绝大多数女性在自慰时，达到性高潮的时间不到两分钟。那为什么跟男人做爱时，女人需要5～10分钟才能达到性高潮，甚至是更长时间呢？性学家们发现：妻子不爱丈夫，是影响女性达到性高潮的一个重要因素。

在中国也是如此。我有一个来访者，她长得非常漂亮。刚来北京时，她每天睡在地下室里，天天加班到半夜三更。为了钱，她嫁给一个40多岁的男人。婚后，她住在别墅里，有保姆伺候，无聊了就和闺密去三里屯喝酒。但爱是情之所至，爱不爱一个人，身体是不会说假话的。她讨厌丈夫接触她，他一碰她的身体，她就全身起鸡皮疙瘩，好像一只癞蛤蟆爬到脚背上一样。做爱时，她拿着杂志看，一边看，一边不耐烦地问丈夫："完事没有？"她从来没有满足过，这就是一种很差的性爱关系。

还有些女孩嫁给自己不爱的人，是因为缺少爱的能力。每当看见"要嫁就嫁一个爱你的人"的观点时，我都很难过。他爱你，是他的事；你爱他，是你的事。只有你爱别人，爱的幸福感才会在自己内心中。和一个不爱的人结婚，其实是让自己充当了别人爱的对象物，甚至是宠物。

真正的爱必须是一种双向的流动，既能接受爱，也能输出爱。只会单向索取的女性，往往心理发育不成熟，内心还是一个小女孩。还有些女性，虽然结婚多年，但连性幻想都没有过，心理发育是有问题的。这些女性需要接受咨询和治疗，实现个人成长。

也有人认为没有爱可以性，在原始人的最初时期，性只是性，一棍子把女人打昏就可以发生关系。但是随着文明的发展，人们知道在隐私部位上挂一片树叶。一方要唱歌跳舞、甜言蜜语地取悦对方，对方才会拿下树叶做爱。这个心动的过程就是爱情，这也是人不同于动物的地方。时代发展到今天，性早已不单纯是性，还包含着人类的文明。

在性爱关系里，有关心、审美、价值观、自我实现等很多心理层面的东西。没有爱的性行为或许很刺激，但是它给人带来的是身体的快感，而不是心灵的幸福感，身体的快感是单调易逝的。这种性行为毁了爱和幸福，没有人能够承受这种巨大的心理压力。

所以，只有让性在爱之中，性与爱融合，个体的幸福感才会增加，才能拥有一种美好的性爱关系。

平等对话尊重差异，君子和而不同

在婚姻中，夫妻要平等对话，尊重彼此的差异。只有平等，双方才能够对话和交流；只有尊重，双方才能共同创造美好的性爱关系。

在中国，实现男女平等还有一段很长的路要走。至少在性观念方面，男权思想是根深蒂固的：性是由男人做主的，性质量好坏是男人的责任。男性以自我为中心，妻子当然痛苦。

其实男权思想对男性自己也是一种戕害。有一个男性来访者，听见同事夸口说可以一夜做四次，而他一夜顶多做两次，于是觉得自己很无能。"我能完成男人应该干的事吗？我能担当起丈夫的责任吗？"他反复这么问自己。因为心理压力过大导致阳痿。在男权文化里，女人也会要求男人为性爱负全责，压得男人无法勃起。性就像一条小船，装载着爱情刚刚好。如果再装上孩子、老人、责任、理性……小船就会沉了。

中国女性在性方面，总体上仍然处于弱势地位，她们真是太压抑了。举个例子，几年前，生产"伟哥"的公司想要推出"伟姐"。他们在北医三院贴出广告，邀请在性欲方面有问题的女性免费领取药物。现在，"伟姐"在欧美国家都上市了，但在中国却没有。不是因为中国女性的性功能最好，而是因为中国女性最压抑，没有一个人报名参加药物的临床实验，中国女性不去争取性权利。有的女性自我贬低，做爱的时候不敢表达自己的感受，生怕被贴上坏女人的标签，自己禁锢了自己。

男人的自以为是和女人的自我贬低，导致双方在性爱中无法对话。事实上，没有女人的帮忙，男人是很难让她达到高潮的。比如，我们经常有一个误区，以为男人越用力，女人越兴奋，其实女人对力度的需要有一个温柔的范围。这个范围因人而异，必须由妻子告诉丈夫。

所以，平等对话是缔造良好性爱关系的前提。丈夫要意识到男女的性权利是平等的,倾听妻子的需要,关照她的感受,做好前戏和后戏,允许她表达;女性要把自己当人,勇敢地表达和追求"性"福。

除了平等对话外,夫妻还要注意尊重差异。有的来访者问我:"我和他当初是相爱结婚的,可为什么结婚几年后,我俩就不来电了呢?"人们一般会把这种情况解释为审美疲劳。但我认为,夫妻没有尊重彼此的差异,也是一个重要的因素。

生物最开始是无性繁殖的,比如大肠杆菌在合适的生长条件下 12.5 ~ 20 分钟便可以繁殖一代,子代基因与母代基因没有差异。后来生物进化到有性繁殖,A 型血与 B 型血的父母,生出来的孩子什么血型都有,子代基因与母代基因有差异,而且更丰富。在有性繁殖中,我们会发现:当精子进入阴道后,它会游动着去寻找卵子,好像精子与卵子之间有一种天然的吸引力。精子与精子、卵子与卵子之间就不来电。个体之间存在差异才能形成吸引力,这是一个生物学的法则。

在心理层面,同样遵循这样的吸引力法则。男女之间要来电,需要个体有差异,比如一个理性,一个感性,因为差异而好奇、欣赏、相爱。

不会处理差异的人,会把婚姻当成一所学校,我是校长,你是学生,我要把你培养成和我一模一样的人。但是,消灭了个体差异,就等于消灭了吸引力,消灭了爱情。因为爱情是两个人之间的互动,一个个体被消灭了,爱情还怎么持续呢?于是,爱情在婚姻里死亡了,夫妻俩不来电了。

不会处理差异的人,缺少了一种能力,叫求同存异,因此无法达到君子和而不同的境界。就是说要怀抱一种和谐友善的态度,允许差异的存在。我曾经接待过一对夫妻,妻子特别爱干净,每天花4个小时打扫卫生,地板擦得能反光。丈夫下班回家,要换衣服、洗澡之后才可以碰她。婚后半年,丈夫越来越邋遢,而且干脆不想和她上床了。夫妻俩天天吵,闹着离婚。咨询时,我问:"离婚之前,你们还愿意为这个婚姻各自去做点儿什么吗?"他们都说愿意。他们的房子是两居室,我建议妻子住一间,丈夫住一间。妻子的房间,按照她的卫生标准打扫;丈夫的房间,按照他的卫生标准打扫。妻子一听急了:"你是让我俩分居?那我们做爱怎么办?"我笑着说:"可以在客厅里呀。客厅就是你们之间的灰色地带,卫生标准要低于你,高于你丈夫。"后来,这对夫妻慢慢学会了尊重差异,感情好了,性生活也和谐了。所以,我们要尊重差异,在差异中寻找合作点。

女人爱自己,做自己

原始人再怎么挂树叶,再怎么唱歌跳舞,他们都没忘记最后要拿掉树叶做爱。树叶是文明的象征,但是文明不影响他们享受性爱，只是让性爱的内涵更加丰富。

但是，现代人光忙着唱歌跳舞秀衣服了，反而远离了真人真身真性情。给学生讲课时，我问："有谁觉得自己不穿衣服比穿着衣服更漂亮的，请举手！"举手的人寥寥无几。我们的文明已经发展到，爱衣服、爱学历、爱工作、爱职称、爱收入、爱房、爱车、爱孩子……但就是不爱自己的身体。

我认识一位女医生，她发现自己患上乳腺癌时，已经是晚期了。我们都特别为她惋惜，也很不理解："你会查体啊，怎么自己患了乳腺癌，这么晚才发现呢？"她说："我太忙了，平常匆匆忙忙洗澡，都顾不上摸摸自己的乳房。"忙是事实，但再忙她都会化妆，保持自己的社会形象。在文明的包裹下，女性对脸的关注远远超过了乳房，对乳房的关注又远远超过了性器官本身。

在性爱中，女人要勇敢地做自己。性高潮是自酿的美酒，女人可以点燃自己。酝酿的方法是：闭上眼睛，想象自己所爱的人，见到他会脸红心慌、怦然心动，渴望被他拥抱，渴望被他进入身体……这样性欲就被唤醒了，在心理层面开始享受这份快乐和幸福。心理发动后，身体触觉就会更敏感、更丰富，更容易进入高潮的状态。这也是为什么我一再强调，女性要嫁给自己所爱的人。否则心中爱的是一个男人，一起做爱的却是另一个男人，酝酿好的性欲一下就没了。

在婚姻里也是如此，女人应该忠于爱情，而不是婚姻本身。

在中国的文化里，我们是婚姻至上，很多女人面对丈夫家暴、多次出轨、包二奶，也不肯离婚。

外国人更多是爱情至上。在美国的时候，我发现性解放的美国，小三并不多。因为美国人一旦爱上第三者，就会及时离婚，把第三者转正，不会长期把第三者晾在外面。他们用高离婚率换取了婚姻存续期间爱情的高质量。同时，美国的离婚成本要比中国高得多，前妻再婚前，前夫需要负责她的生活保障，给付赡养费。中国的小三这么多，是因为中国人在追求爱情的同时，婚姻观念还是滞后的。除了观念问题，还有一个现实问题：女性离婚后没有经济保障。房子如果是男方的婚前财产，无法分割；男方只需给付孩子的抚养费，有的男方连抚养费都不给，女方带着孩子又不好找工作，所以，女性不敢离婚。

所以身为女性，最重要的是要爱自己、做自己，具有单身的能力。无论结婚还是不结婚，一样能活得很好。一是要具有独立的经济能力，不依赖于男人。我不赞成女性婚后辞职，为了相夫教子牺牲自己，连朋友也不见了。如果是为了照顾孩子，建议在孩子两周岁后恢复工作状态。哪怕家里的经济条件很好，但是封闭的二人世界是一种死亡的关系。"问渠那得清如许？为有源头活水来"，婚姻需要婚外的人际关系资源来滋养。理想的婚姻是你做你的事业，我做我的事业；你有你的朋友，我有我的朋友；你有你的爱好，我有我的爱好。保持差异性，才能保住爱情。二是要在心理上独立起来,和男性平等对话、平等权利,包括性权利。

对于在婚姻中不能维护个人权益、不能做自己的女性,我的建议是:离婚,开始新的生活。有些女性希望通过改善性爱的质量,来挽回出轨的丈夫,我认为成功的可能性很小,因为比你性能力好的女人大有人在。我们的确应该改善性生活质量,但出发点一定是让自己幸福,而不是为了挽回谁。

一份好的性爱关系,是让每个人都能够增加幸福的体验,每个人都能够借助这份爱的关系,最大限度地成为自己。

2

采访人：**付洋**

采访对象：**方刚**，性与性别研究专家，中国人民大学性社会学博士，性教育专家，北京林业大学性与性别研究所所长，中国妇女研究会理事，"中国白丝带志愿者网络"召集人，著有《做全参与型好男人》等多部著作。

观点：当我们摆脱了社会主流性价值观的束缚，我们就有更多的能力去选择和创造适合自己的性生活，我们的婚姻和家庭也会更幸福。

从男性气质焦虑中摆脱出来,变得更幸福

我虽然也从事心理学相关工作,但是,我自认为是"性学专家"而不是"心理专家"。从 1995 年至今,我已经从事性学研究 20 多年了。和更关注个人成长经历和感受的心理专家不同的是,我会把一个人的性放到社会环境和社会文化中,用社会的视角去看待和理解。我觉得,一切都不能离开社会的大背景,因为我们每个人本身就是社会中的一分子。于是,关于性,我看到了很多不一样的地方,或许这能帮助大家对性有一些新的理解。

性,只是婚姻的五个功能之一

前几天,我看见一个大 V 在微博上大谈无性婚姻的可怕,仿佛只要没有性,夫妻的感情就一定不好,这个婚姻就完了。我觉得这是一个认知误区,为什么呢?

社会学认为婚姻有 5 个功能——爱情、性、经济互助、养育孩子和扩大社会网络,性只是其中的一个功能。没有性,但是其他的功能很好,婚姻也可以过得幸福。比如,我看到很多夫妻几

十年没有性,但是在生活上相濡以沫,彼此支持,对婚姻的满意度很高。

在社会上,个体差异很大,我们每个人都是不同的。只要不违法、不伤害他人,我们完全可以选择自己的生活方式。只要夫妻俩能够达成默契,认同和接纳彼此的性价值观就好。所以,如果夫妻俩都很满意自己的无性婚姻,没必要因为自己的选择不符合社会主流的性价值观而否定自己,甚至为此焦虑不安。

当我把社会学的视角带到心理学的咨询中,很多求助者感觉非常受益。有一次,40多岁的王萌(化名)来找我求助,原本她觉得自己挺幸福的,但是随着社会的开放,她开始有机会和周围人讨论性。结果发现,只有她和丈夫现在没有性生活。大家都很同情她,这让她开始觉得自己的婚姻有问题。

我问她:"没有性生活,你和丈夫都感觉痛苦吗?影响你们的感情和生活吗?"王萌回答说:"没有感到痛苦。我俩对这方面的需求都很低。以前为了生孩子还勉强,孩子出生后,就基本没有了。"

我又问:"婚姻的5个功能除了性以外,其他4个功能怎么样?"王萌认真地思考:"我们的感情很好,家里什么事情都有商有量;经济方面,我们的钱都放在一起,谁都不藏私房钱,谁的家人需要钱,都不计较;养育孩子方面,因为生的是男孩,我先生经常陪他玩儿,儿子很喜欢他爸爸;社会网络方面,我们因为彼此而认识了很多新的朋友，关系处得也挺融洽的……咦，方老师，这么看来，我的婚姻质量还挺高啊！"

我笑了："是不错啊！"我告诉她，每个人都有自己的性价值观，个人的性价值观没有对错之分；生活中也没有标准答案，一切都在于自己的选择。只要夫妻双方都感到满意、舒服，那就是好婚姻。她高高兴兴地走了。

通过和求助者分享婚姻的5个功能，我帮助他们梳理婚姻状态，澄清一些概念和误解，求助者立即清楚自己想要什么了，更有能力来进行选择。他们的痛苦焦虑，其实是来自社会主流性价值观的束缚：别人的婚姻都有性，怎么我的婚姻就无性？无性肯定是错的，有病！

其实，社会主流性价值观，是建构在一定的社会文化和环境中的。当社会文化和环境发生改变时，再坚持以往的性价值观，就等于穿着马褂跳现代舞，是不合时宜的。

事实上，无性婚姻不是中国特产，它在全世界范围存在着。

如果夫妻四五十岁，结婚二三十年，没有性是很正常的事。性有两个层次：本能和欲望。本能是先天的，但欲望是后天建构的，它是有条件的。夫妻俩生活在一起几十年，彼此太熟悉了，就像亲人一样，欲望就会很难被唤起。

另外，新奇、神秘、新鲜是最大的性诱惑。20世纪90年代的婚姻指导手册告诉我们，当夫妻没有性欲时，穿情趣内衣、换个姿势、多点儿浪漫和情趣就好了。这是因为 90 年代,我们接触到的性刺激太少了,所以这样就感觉很刺激很新鲜。但是,在日益开放的现代社会,性被公开谈论,性的信息更加多元。那些方法已经没有太大的意义了。

在其他婚姻功能完好、夫妻性价值观一致的情况下,不如坦然地面对无性婚姻。

性污名和家庭矛盾,都会让人拒绝性

但是,如果双方的性价值观不一致,比如一方很想要,另一方却不想要,那么性生活就会不和谐,夫妻感情也会受到很大影响。

在性欲方面,存在性别差异。一般来说,男性对伴侣没有性欲,往往是因为彼此之间太过熟悉;女性对伴侣没有性欲,则跟社会文化有关,比如有污名的性价值观(对性产生负面认知和评价,简称"性污名")。

从我这几十年接触各类性案例来看,结婚几年还拒绝性生活的女性,都有一个共同点:拥有污名的性价值观。80 后、90 后、00 后都出现了这样的现象。如果认为性丑陋、肮脏、恶心,就很难对性产生美好的感受,自然会有排斥性、厌恶性。一是会本能地拒绝和丈夫过性生活,找各种理由回避;二是即使勉强过性生活，也兴奋不起来，感到疼痛，因此更加拒绝性，形成恶性循环。性污名，是导致女人性冷淡的重要因素。

需要特别强调的是，我非常反对有些从事反性侵教育的组织，到学校里别的都不讲，只单纯进行反性骚扰的教育。注意，我不是反对"讲"反性骚扰，而是反对"只讲"反性骚扰。

我曾经做过一个调查：在从事反性侵教育的组织进行单纯反性骚扰教育半个月后，我到这所学校，给女生们每人发了一张白纸，请她们回答一个问题：提到性，你想到了什么？

结果，她们写的全是负面评价：恶心、厌恶、丑陋、肮脏……因为孩子们接触的唯一性教育是性骚扰教育，在她们的头脑中，性等于性骚扰，等于肮脏。虽然现在的孩子有更多的渠道去了解性，但是如果这种错误片面的性认知没有得到及时的修正，对她们未来的性生活、未来的性价值观都会产生很大的负面影响，这让我不能不为之担忧。我建议给孩子们做性教育时，既要让她们有保护自己的意识，也要让她们对性有一个积极正面的认识，知道性是美好的，应该充分拥有和享受性。

除了性污名之外，早期的性经历和性创伤也会导致女人性冷淡。这些心理问题，需要寻求专业的帮助来解决。我不认为女性性冷淡是天生的。从生理的角度来看，男性有不应期，在不应期时无法勃起；但是，如果女性心理正常，天天过性生活都没问题。我曾经访谈过一些女性，她们每天都过性生活，完全能够享受性的愉悦。可以说，在性方面，女性的潜力要比男性大，所以女性可以更加主动积极一些。

还有一种"不想要"的背后是家庭矛盾。曾经有一对夫妻找我做咨询，他们刚结婚的时候有性生活，证明夫妻俩的生理都很健康。但是最近7年，夫妻俩完全没有性生活。只要妻子一抱丈夫，他立刻就软，这让妻子非常痛苦。

咨询后，我发现，他们的家庭中有很多矛盾。首先是婆媳矛盾，婆媳俩同住一个屋檐下，婆婆来自农村，妻子来自城市，双方的生活习惯和价值观存在很大差异，并且婆媳俩的脾气都很大，互不相让，经常发生争吵。因为婆媳矛盾，妻子对丈夫有很多不满，又演变为夫妻矛盾。每次夫妻争吵，妻子都有家暴行为：砸电视、烧丈夫的衣服物品、把他锁在门外让他挨冻等。

有句老话：两口子打架不记仇，床头打架床尾和。这是不对的，这个女人刚对我施暴，我怎么可能和她啪啪啪呢？只要是心理正常的男人，在这种情况下都没办法勃起。反过来也一样，丈夫施暴后，妻子也不可能对丈夫产生性欲，只会感到恐惧、厌恶和紧张。虽然这种家庭暴力没有伤害身体，但是长此以往，夫妻之间的亲密感被消耗光了，感情变得冷漠。

在咨询中，第一步，我帮他们梳理了婚姻。他们认识到了这些问题，当场抱头痛哭。两人决定：和老人分开住，减少婆媳冲突；妻子管理好情绪，丈夫多给妻子支持，建立一种良好的夫妻互动模式。

第二步，做性感集中训练。经过一段时间的治疗之后，夫妻俩又能过性生活了，而且夫妻互动模式的改善，让他们之间的亲密感也增进了。

男性气质焦虑，是毁掉性的罪魁祸首

我的博士论文研究的是男性气质，这对我思考男人的性有很大帮助。比如阳痿，和性生理学家、心理学家看到的不一样，我看见它背后的东西——男性气质焦虑。

男性气质可以是各种各样，可以说，有一个男人，就有一种男性气质。但是，我们的社会主流文化一直鼓励支配、主宰、阳刚、男子汉、大男人的男性气质，这种男性气质被称为"支配性男性气质"。夫妻性生活中，男性要求自己必须要强大，尺寸要更长、更粗，时间要更长久，这样才能符合"男子汉"的文化符号，而这些文化符号的背后，就是支配性男性气质。

当社会主流文化要求男人必须强大时，男人就会总是担心自己不符合这种男性气质，产生焦虑，我们称之为"男性气质焦虑"。而这种焦虑可能导致他心理压力过大，进而阳痿。

我曾经访谈了二十多个阳痿的男人，他们最大才30岁出头，其阳痿原因都和生理无关，全是心因性的。

其中一个男士，他只是看了一篇描写阳痿的小说，他担心这样的事情会发生在自己的身上，就被吓阳痿了，持续半年时间完全不能在性生活中勃起。这个事情背后就是男性气质焦虑。

男性气质焦虑，还会产生"旁观者效应"。就是在夫妻性生活时，他突然像旁观者一样观察自己：我做得好不好，我够不够强大？分心加上焦虑，就会让他疲软阳痿。

总之，支配性男性气质，不是让男人变得更强大，而是在伤害自己。

另外，支配性男性气质鼓励男性在伴侣关系中处于主导和支配的地位，这是男女不平等的重要原因。男女不平等，男性自然就不认为妻子的感受和自己的感受平等，从而在婚姻和性生活中一味忽视妻子的感受，制造夫妻矛盾。

一方面，男性要给自己的思想松绑，认识到男性气质是可以多种多样的。放下心理包袱，放下焦虑，全身心地投入性爱本身之中，你会发现自己反而更能享受性爱了。另外，到了中老年之后，也要接纳一个现实：男人早晚有一天会不强大的，因为人的身体会随着年龄衰老，性能力和性欲会衰退。这是客观规律，我们要顺其自然，享受性的不同表达。

另一方面，女性也要了解：因为有男性气质焦虑，丈夫会非常注重自己的性表现。你一说他不行，他就真的不行了。在沟通中，一定要多鼓励和赞美丈夫。

有的女士问我："方老师，他都没有满足我，我要怎么赞美他？"

我回答说："总有那么一瞬间你感觉好的时候。这时，你可以对他说，'这样爱抚我，我感觉很舒服'，鼓励他继续重复好的行为；当他重复后，你感觉更好，再肯定他，'老公你太棒了'，这样他就会很兴奋，会真的更棒。"

夫妻双方都要多对彼此鼓励和赞美；沟通时，多用"我句式"，比如"我希望""我想""我感觉"；多一些非语言沟通，比如拥抱。总之，抱着一种学习和探索的态度对待性，因为性真的是需要一生学习的功课。尤其，男人一定要放下大男子主义，关注女人的性反应，尊重女人的性感受，了解女人的性需求。

从男性气质焦虑中解脱出来的最好方式，是学习做一个全参与型的好男人，关心妻子的感受，多做家务，照顾和陪伴孩子，包括陪着妻子孕检、生产。我曾经办过一个好伴侣好父亲工作坊，在工作坊里，我和学员一起分享了陪产的经历。很多男人进了产房之后，亲眼看见孩子出生，都更爱妻子，更爱孩子，找到自己作为父亲的幸福感。

我自己就是一个全参与型的男人，尤其是在陪伴孩子方面。我晚上从来不参加饭局、应酬、朋友聚会，几乎每个周末都在家，就是为了能更多地和儿子在一起。从上幼儿园到初中，都是我每天接送儿子。我们一起游泳、玩轮滑、放风筝、散步、聊人生，父子感情很亲密。

我每天都会记录儿子的成长，然后把它们结集出书。孩子6岁时，我出版了《宠爱孩子》；12岁时，我出版了《我的孩子是"中等生"》；现在，孩子18岁，在美国读大一，我马上要出版第三本书《从"中等生"到美国名校》。能够参与孩子成长，让我感觉非常幸福。我对家庭的参与，也赢得了妻子的欣赏和认可，夫妻感情很融洽。

支配性男性气质，让男人们倾向于通过赚取更多的金钱来巩固自己在家中的权力。结果，他们变成了工作狂，虽然养家，但是没时间陪伴孩子。他们给孩子造成的父爱缺失，将来用多少钱都难以弥补；他们对妻子更谈不上关心、爱护和支持，婚姻家庭出现种种问题，真是得不偿失。

总之，当我们把性的问题放在社会中去看，当我们摆脱了社会主流性价值观的束缚，我们就有更多的能力去选择和创造适合自己的性生活，而我们的婚姻和家庭也会更加幸福。

3

采访人：**付洋**

采访对象：**马晓年**，清华大学玉泉医院性医学科主任医师。中国性学会顾问（曾任两届副理事长）、世界华人性学家协会副会长。曾长期担任北京性健康教育研究会副会长，中国婚姻家庭研究会理事。

观点：美满婚姻是性和爱的统一。没有性，婚姻的质量很难保证；缺少爱和亲密，性往往也会跟着出现问题。性关系和婚姻一样，需要我们带着尊重和理解，用心地经营。

亲密，需要经营以爱和尊重

2016年4月，我国著名性学专家马晓年出版了性咨询丛书《知性：男性篇》《知性：女性篇》和《知性：伴侣篇》。性对婚姻的影响到底有多大？男人为什么也会性冷淡？性生活时，我们要如何沟通？怎样才能拥有和谐的性生活？

关于性，我们有太多的误区

6月17日，在清华大学玉泉医院性医学科，记者见到了已经71岁高龄的马晓年医生。他穿着一件红色的T恤，身材很瘦，但是精神矍铄，谈起性这个话题口若悬河。

"在中国，有过很长一段谈性色变的时期。1982年，我到英国进修了两年。回国时带了一些性学著作，比如《金赛性学报告》、马斯特斯的《人类性反应》等等，都是学术著作，跟淫秽色情无关，结果却被海关扣了10本。可是，我们越不愿意谈性，对性的了解越少，性对婚姻的影响就越大。中国至少有三分之二的夫妻离婚是因为性生活不和谐。关于性，我们有太多的误区。"

在美国，平均每个月不足一次性生活，就被称为"无性婚姻"。如果按照这个标准，中国的无性婚姻比例将不低于20%。很多人把性和婚姻分开，认为两口子在一起过日子，把老人和孩子照顾好，把钱存够了就行，做不做爱无所谓。而他们的伴侣则为了孩子、房子、票子、位子和面子，苦苦死撑。

马晓年见过的最长的一段无性婚姻持续了20年。丈夫是一位中学老师，思想非常保守。妻子是一位文艺工作者，性格很浪漫。丈夫认为性没有用处，宁肯把时间和精力都用在提高升学率上，所以，夫妻俩常年没有性生活。妻子曾经把一些性学的科普文章悄悄放在丈夫桌上，希望能够引起他的注意。丈夫却嗤之以鼻："成天整那些用不着的！"

这位妻子一直撑到女儿考上大学，才向丈夫提出离婚。丈夫还很惊讶："我们的感情不是很好吗？为什么要离婚，我们都多大岁数了，丢不丢人？"妻子愤怒地大喊："我是一个人，我有正常的性需求！不是为了孩子，我早就跟你离了！"马晓年认为，每年高考之后都会出现中年夫妻的离婚高潮，其实和无性婚姻有一定关系。

马晓年认为，无性婚姻是不正常的，没有存在的必要。国外存在少数无性婚姻，是出于按照家庭报税可以省一大笔钱的现实考虑。前些年，南京、长沙等地还出现了无性婚姻介绍所。你阳痿，我性冷淡，那我们干脆一起组建无性婚姻。其实，阳痿、早泄、性冷淡等问题都可以通过系统专业的性咨询和性治疗解决。我们为什么要轻易地放弃自己的性福呢？

有些年轻夫妻，则受到处女问题的困扰。有一对夫妻，两个人是青梅竹马，从小一起长大，一起来北京打工，感情非常好。但是洞房花烛夜时，妻子没有落红。丈夫感觉自己被心爱的女人背叛了，痛不欲生。夫妻俩因为这个事足足折腾了两年多，差点儿就一起自杀！

咨询时，马晓年对丈夫解释说："根据统计，20%的处女膜在初次性生活时不出血，这跟血管的多少与膜的薄厚有关。另外，现在的女孩又不像古代的女人那样大门不出二门不迈，激烈的运动、跌坐外伤、骑自行车等都可能导致处女膜破裂。没有落红，不代表女性出轨或男性无能。你想一下，你俩从小就在一起，她就算想出轨，也没有机会啊！"听了这番话，丈夫终于放下心结，和妻子和好如初。

马晓年认为，即使婚前有过性经历，女性也没有必要为此而感到自卑和内疚。因为夫妻对彼此是否忠诚，应该从结婚的那一天算起。如果男人对妻子不是处女耿耿于怀，那么失去这样的男人也没什么可惜的。因为他爱的不是你这个人，缺乏尊重和信任的婚姻是很难长久的。当然，无论男女都要爱自己，真诚和慎重地对待性，不要轻率和盲目，甚至滥交。性，应该是爱情水到渠成的结果。

还有的女性，受到社会环境和家庭的影响，认为性是一件肮脏的事。有一个女士，结婚5年，从来没有体验过一次性高潮。因为，每次过性生活，她都不许丈夫抚摸自己的下半身，连看都不许看。她觉得自己的下半身很脏、很丑。被妻子屡次拒绝，丈夫也感觉很受伤，夫妻俩的感情江河日下。

马晓年对这位妻子说："不好好做，哪来的高潮？你的资源都没有用上，太可惜了！性是生命的开始，没有性，怎么孕育生命？性是一件多美好的事啊！"马晓年用"美好"替换了"肮脏"，性观念改变后，她终于不再抗拒丈夫的爱抚，夫妻俩的感情也更加融洽了。

男人为什么也会性冷淡

在我们以往的认知里，性冷淡是女人才会有的毛病；而男人是下半身动物，或许性能力会随着年龄增长而衰退，但性欲总是长盛不衰。马晓年却说，最近十几年，中国男性性欲低下已经成为最突出的性问题。很多身强力壮的年轻男性，结婚没有几年，远远没有到视觉疲劳之时，也会性冷淡。

男人性冷淡的原因很复杂。首先是社会压力。过去的大学生工作和住房都靠国家分配，生活虽然不富裕，但是精神压力不大。现在没有铁饭碗，职场竞争激烈，房价年年攀升，"80后"和"90后"

都面临很大的生存压力。尤其是生活在北上广这样的一线城市，每天上班、加班、应酬、交通要花费十几个小时，回到家时筋疲力尽，还要上网、打游戏，凡此种种，自然没有做爱的心情和精力。

其次是夫妻的亲密感不足。只有足够的共处时间，才能使夫妻双方建立亲密关系。如果一方忙着加班、应酬、玩乐，经常不着家，夫妻俩没有共同生活的时间和空间，亲密度不够，性欲自然也低。

另外，即使双方都在家，但是各自沉溺于电视、手机之中，全程没有情感交流，那么男人的性欲也会受到影响。习惯成自然，做爱次数越少，对性就越不感兴趣。马晓年接诊过一对"90后"小夫妻，做爱时，妻子竟然一直用手机看韩剧！丈夫觉得很无聊，渐渐地就不愿意做了。由于性欲长年被压抑，丈夫竟然患上性无能。

还有一些男性表现得冷淡，是因为婚姻关系出了问题。比如，有的妻子比较强势，什么都想管，甚至让丈夫兜里没有零花钱。丈夫就用性来惩罚、报复妻子："你想让我理你，我偏不理你！"很多男性都对马晓年说过一句类似的话："我看不上她，就不跟她做！我费那么大劲儿伺候她干吗？"

有的男性认为一滴精等于十滴血，担心做爱次数多了会伤身。有一位年轻的男博士坚持每个月只和妻子做一次，而妻子希望每周一次。他说："做爱太伤身了，我做一次，一周都缓不过来！

每周一次，我的博士论文还写不写？"马晓年说："做一次爱只消耗约 300 大卡热量，相当于你爬 3 层楼，至于一周缓不过来吗？你这纯粹是心理问题！"有的男性做爱后出现头晕、眼花、乏力等症状，这是因为本身亚健康或者肾虚，做爱是不会伤身的。

还有一个容易被大家所忽略的原因，就是懒男人越来越多。做爱不难，但是让妻子获得美好的感受却不是一件简单的事，男人要付出很多努力。比如，要耐心地调动她的积极性和热情，讲究一点儿浪漫情调；做爱前、做爱中、做爱后都要关心和照顾她的感受和情绪；要忍住发泄的冲动，给予她温柔的爱抚和前戏；还要对妻子甜言蜜语，赞美她的身体和反应……如果做得不到位，妻子得不到快感，可能会忍不住抱怨、唠叨和发脾气，有些男人就觉得做爱真是好麻烦啊，懒得做了。

男人冷淡还有一种原因，是心理能量不足。有一个大龄未婚女青年，谈的几任男友都急于和她发生性关系，让她很反感。后来，她相亲认识了一个男人，谈恋爱时，对她一直规规矩矩。她认为这样的男人值得托付终身，就和他结婚了。婚后，丈夫只顾自己的事情，对她不闻不问。他不碰她的身体，连她的手都不肯牵，自然也不和她做爱。咨询时，马晓年发现，这位丈夫的父母长年累月地冷战，所以他从小生活在一个冷漠的环境里，没有体验过被爱的感觉，自然也不知道怎么去爱人。因为心理能量不足，他对什么事情都不感兴趣，包括性。

带着尊重和理解过性生活

我们现在都知道和谐的婚姻，需要夫妻互相尊重和理解。其实，想要拥有和谐的性关系，更加需要尊重和理解。

尊重对方的生理特点，多多包容。有的伴侣性需要比较多，要尽量适当地多给他一些机会，不要只顾自己的感受。如果自己当天确实不想要，可以用委婉的方式来拒绝，避免让对方受到伤害。比如说："我今晚没有心情做爱，很想坐着和你聊聊天。""我们拥抱一会儿，好吗？""我其实更想和你看看电影……"有的伴侣性需要比较少，可以通过温柔的拥抱、浪漫的情调、肯定的言语、深情的眼神唤起对方的热情。先亲吻试探一下，再摸一摸身体，一步步来，看看对方的反应。如果对方表现得确实没兴趣，建议最好停下来。夫妻双方也可以通过沟通，调整彼此的性需要和性期待，让性生活更加合拍。

尊重对方的意愿，不要强迫。有一对夫妻，丈夫喜欢早上做爱，因为精力充沛。可是，妻子每天早上都要叫孩子起床、做饭、送孩子上学，忙得团团转，精神非常紧张，于是经常拒绝丈夫的性要求，丈夫就非常生气。其实，丈夫不够尊重妻子，没有照顾她的心理。还有些男人，因为妻子拒绝性生活而实施暴力，或者对其婚内强奸。这样的做法无疑会导致妻子恐惧、厌恶性生活，甚至患上"性交恐惧－阴道痉挛"的性障碍。这种情况非常多，有一次，马晓年仅半天时间就接诊了5个"性交恐惧－阴道痉挛"的女患者。有的男性因为工作疲惫，不想进行性生活，妻子就摔摔打打、撂脸子，逼着丈夫吃春药，反而影响了性功能。

尊重对方的性权利，不要过度解读自慰。有一位女性偷偷自慰时，被临时回家的丈夫撞见了。他勃然大怒，吼道："你居然买自慰棒！难道我满足不了你吗？"他认为性是男人的事情，只能由他来发动、主持性。有的女性看见丈夫自慰，也感觉自己受到了侮辱，觉得对方认为自己没有魅力。他们的问题是，都认为伴侣的性必须归自己所用。世界卫生组织宣言，人人都有自己的性权利。自慰其实就是一种性权利。性是双方的事情，每个人的性需求不同，完全可以通过自慰来满足自己。

尊重性的边界，不要败性。和婚姻一样，性也是有边界的，不要做越界的事情。无论多么不满，都不要口出恶言，骂对方"性无能""阳痿""性冷淡""淫荡""色情狂"这样的话。也不要说"你从不""你总是"开头的句子，因为这样的句子是在指责对方。口出恶言，不仅深深伤害对方的自尊，更会伤害彼此的感情，导致夫妻关系紧张。

尊重性生活本身，别把性作为一种交易。有的女性把性作为一种筹码，甚至当成一种讹诈的手段。你想和我做爱？那你得给我买一个名牌包，这周的家务活都得你干，你要带我去欧洲旅游……如果只是偶尔为之，丈夫还觉得妻子只是撒娇，当成一种情趣。但是，如果妻子经常这么干，那么丈夫肯定会觉得妻子太算计，心生反感，影响夫妻感情。

除了尊重以外，当伴侣出现性障碍时，我们真的要多给予一些理解。很多夫妻都是因为缺乏理解，导致患者没有信心或动力治疗，延误了病情。

马晓年接诊过一位男士，他患有勃起功能障碍。服药后，在性生活中表现得特别好。妻子高兴极了，连连夸他："亲爱的，你太棒了，我从来没像今天这么满意过！"丈夫也很高兴，随口说："我今天去医院看病了，专家给我开了一个好药，所以，我今天做得这么好！"妻子一听，一脚把丈夫踹下床去："原来，你不是因为爱我才做得好，你是拿药来糊弄我！"受到这个打击，丈夫对自己失去信心，病情更加严重。后来，妻子陪丈夫治疗时，马晓年对她说："你的丈夫只是暂时遇到勃起的问题，我们来一起帮帮他，让他成功几次，做得好一点儿，他就有自信心了，以后就不需要吃药了……"妻子听后，才理解了丈夫。

有一个女性患上性冷淡，经常借口头痛、腰痛、疲惫回避性生活。她鼓起勇气去看病，没想到，丈夫对她毫无耐心和体贴，迅速外遇了。她对马晓年说："我就算治好了病，还有什么意义呢？老公已经跟人跑了！"

西方有一句谚语：从来没有性冷淡的女人，有的只是蹩脚的情人。女人性冷淡，往往是因为男人缺乏性技巧，没有关心女性的感受，给予足够的爱抚，唤起她的热情。当妻子出现性冷淡的问题，丈夫其实需要先反省一下自己，再和妻子一起咨询和治疗，给她有力的支持。逃避不是解决问题的办法。

马晓年认为，美满婚姻是性和爱的统一。没有性，婚姻的质量很难保证；缺少爱和亲密，性往往也会跟着出现问题。性关系和婚姻一样，需要我们带着尊重和理解，用心地经营。

4

采访人：**付洋**

采访对象：**甄宏丽**，北京大学医学心理学博士，中国唯一一位女性性治疗专业博士。荷兰阿姆斯特丹大学人类性学专业访问学者，中荷性教育专家师资培训项目中方专家。中国性学会理事、青少年性健康教育专委会副主任、北京五洲女子医院女性性健康门诊专家。

观点：如果性教育不到位，就会为外遇埋下危机。当婚姻遭遇外遇重创，一定要先修复关系再修复性。

美好的亲密关系，需要爱的能力

从 2011 年在北京五洲女子医院出性心理门诊至今，除了网络咨询和电话咨询以外，我每年接待 200 多名患者，他们的性问题或者性障碍 100% 都与心理有关。我一直坚持对大众进行性教育，因为过往所有性教育中的误区，早早晚晚会在婚姻里表现出来，由此，外遇很可能就会乘虚而入。

性教育不到位，为外遇埋下危机

在门诊中，女性患者最常见的问题是性交恐惧障碍，而这份恐惧大多源自对处女膜的错误认知。传统的性教育认为，女人的阴道深处有一层处女膜，需要用很大力气才能捅破，所以女人的初次性生活一定会很疼，而且流血。这种说法代代相传，女孩们对此深信不疑。

但这种性教育是完全错误的！所谓处女膜，是长在阴道外口的类似花瓣的东西。如果把阴道外口比作门框，它就像是门框上边的破布门帘子，本身就是破的。所以，正常情况下，初次性生活是不出血的。在中国，有 6 成女性初次性生活不出血；在性教育到位的国家，比如荷兰，8 成女性的初次性生活不出血，而且也不疼。出血的原因不是因为处女膜被捅破，而是因为女性太紧张或者男性动作的力度太大导致阴道受伤。

随着获取性知识渠道的增多，越来越多的女性在初夜不出血。于是，又出现了这样的解释：由于现在女孩经常骑自行车、做剧烈运动，处女膜在不知不觉中破了。我第一次听见这种论调时就觉得很奇怪：既然在平时运动中，处女膜破了我们不知道，那就说明不疼啊。为什么初次性生活一定要疼呢？我问老师，老师说这个事不考，你就不要想了。但是，现在我知道，其实处女膜本身是破的，初次性生活是可以不疼痛、不出血的。

女人守着处女膜，其实是一种仪式：我与你结婚后才破处，所以你应该珍惜我。很多女孩从小是这么被母亲和长辈吓大的：如果你不是处女，那么你的丈夫就不会珍惜你，你这辈子都完了，没有人会要你。只有当这种恐惧深入骨髓时，一个女孩在面对自己心爱的男孩时，才能坚决地拒绝做爱。就好像一个人饿得不行了，面前摆放着珍馐佳肴，他必须得认为饭菜有毒，才能控制自己不去吃。对于女孩来说，婚前做爱就是有毒的。

但我们的长辈忘了一点：恐惧是会泛化的。很多女孩登记结婚后，依然无法消除对性的恐惧。就像怕狗、怕水一样，这些女孩怕性交。在恐惧的作用下，她们阴道周围的肌肉痉挛收缩，所以没法过性生活。

王萍（化名）因为性交恐惧障碍，婚后3年不能正常过性生活。她痛苦地对我说："我现在和他登记结婚了，可以和他做爱了。但我就是做不了，怎么办？我明明很爱他啊！"我告诉了她处女膜的真相，她整个人都变得轻松了："要是早知道婚后会这样，我当初根本就不会守着这个破膜！"后来，我使用脱敏治疗技术一点点地帮她逐步消除恐惧，她终于可以和丈夫正常过性生活了。

男性自慰焦虑，也是性教育不到位导致的。在男权社会里，认为一滴精，十滴血，射精是不好的。事实上，中医里的"精"指的是血液里面的精华，不是精液。

青春期时，男孩的性欲非常强烈，但这个时期，男孩们往往处于求学阶段，没有性伴侣，只能通过自慰来满足自己。自慰的话，要不要射精？如果射精，是不是精华就没有了，对身体不好呢？老师也说自慰会影响学习，自己是不是做了错事？觉得自慰是错的，但又控制不住，于是就形成了自慰焦虑。

打个比方，自慰就像一个人吃饭，做爱是两个人一起吃饭。一个人吃饭的时候，都会倾向用最快的方式吃，比如吃肯德基。两个人吃饭时，你一筷子我一筷子，再聊聊天，就会慢很多。所以，正常情况下，自慰持续的时间都会比较短。

但是因为性教育不到位，大家都不明白这个道理，认定我自慰快，那将来和妻子做爱时一定也快，我没用，我找不到女人，我的老婆看不起我……越想越焦虑。如果做爱时处于焦虑的状态中，脑子里一直琢磨：我今天能不能坚持两分钟以上？我今天能不能勃起？能不能表现得特别好？就会导致充血减弱、无法持续勃起；焦虑紧张又会加强兴奋状态，导致迅速射精，于是，男人就真的早泄了。妻子常年欲求不满，就可能外遇或者提出离婚。

因此，性教育不到位导致夫妻的性生活不和谐，也为外遇埋下了危机。

性不好和情不好，是导致外遇的两大原因

目前，外遇是婚姻破裂的一个最主要的杀伤利器。在咨询中，经常有人问我，为什么伴侣会外遇？是不是男人好色，女人淫荡？我个人认为，性不好和情不好是导致外遇的两大原因。

在性不好方面，女性的问题集中在两点：一方面，因为性教育的不到位，很多女性出于恐惧、厌恶的心理，会拒绝丈夫的性需求。婚内不能满足的性需求，只能向婚外寻找。另一方面，男性的体力和性能力随着年龄的增长而逐步下降。但是，他不愿意面对这个现实，认为是妻子不好。和情人做爱时，他会获得新鲜感的刺激，感觉自己的性能力恢复了，激情燃烧，于是情人成了真爱。事实上，等新鲜感过去，男性的性能力一定会回归到正常的水平。

妻子对丈夫不满意主要是嫌男人不做前戏或者做得不够。女人希望能够有足够的前戏，让她有感觉了再做；但是男人觉得老夫老妻了，怎么还那么多事。没有兴趣和耐心给妻子做前戏，妻子和丈夫做爱得不到快感，就可能会去找其他异性满足。

其实，大部分的性不好是可以通过沟通来解决的。通常，妻子既不会和丈夫沟通表达自己需要，也不会引导他满足自己的需要。其实，自己的男人，还得自己教。女人一定要增加对性的投入，学会如何与丈夫沟通，表达自己的需要与喜好，邀请他来探索你的身体。

李莉（化名）有过两段婚姻。第一段婚姻，前夫因为她性冷淡外遇了；第二段婚姻，丈夫因为她性冷淡闹离婚。她痛苦得不行，来到医院找我求助。咨询时，我发现她并不是性冷淡，因为她可以从自慰中获得高潮，但又觉得告诉丈夫自己的性喜好非常羞耻，所以一直不说。

在我的帮助下，她和丈夫完成了一次成功的沟通。夫妻俩尝试后感觉都很好，性生活越来越和谐，丈夫也不想离婚了。

在这次沟通中，妻子的角色是事实的陈述者以及方法的引导者。她非常真实坦诚地和丈夫叙述了自己的情况，没有把自己的观点强加给对方，像讲故事一样，把事实陈述给他。整个沟通过程，她没有给他任何压力，所以丈夫乐于探索与尝试。

很多男人不愿意妻子和他谈性，是因为觉得她是在给他提要求,他满足不了,就会产生很大的心理压力,所以干脆回避沟通。"你时间那么短,别折腾我了!""你把我弄得倍儿难受,我什么感觉也没有!"这些话不是沟通,而是在指责。如果女性改变沟通方式,男人的回馈就会更积极,出轨的可能性也会随之降低。

男人不仅要掌握沟通技巧,耐心地给妻子做前戏和后戏,让她能够从性中获得满足,也要面对一个现实:随着年龄的增长,自己的性能力一定会走下坡路。另外,性爱也不可能永远处于激情状态,总处于激情状态是躁狂,人会精神错乱,活不了多久的。只要夫妻感情好,都肯对性投入,老夫老妻一样可以获得高潮,因为夫妻了解彼此的需要,配合默契。而且,妻子可以给你情人永远给不了的安全感和归属感。

情不好的问题,主要是缺乏爱的能力,不会经营婚姻。有些人在成长过程中太缺爱了,就会希望通过亲密关系的建立,从伴侣身上一味索取爱,而且对他的要求会特别高。

赵萌(化名)的父母感情很不好,争吵不休。她小时候有什么要求,都不敢和父母讲。有一次,她鼓起勇气对妈妈说,想要一条漂亮的裙子,在学校的新年晚会上穿。妈妈说:"你怎么这么臭美?如果你不主动要,我还可能给你买;你主动要,我想买也不给你买!"长大后,赵萌非常自卑,觉得自己不够好,没有人愿意满足她的需求。她也不敢把自己的要求讲给丈夫,所以丈夫不知道她的需求。丈夫对她好,她总是怀疑:我有那么好吗?我真的值得他对我这么好吗？丈夫送给她礼物，她总是表现得不开心，可问她又不说，搞得他非常抓狂，后来丈夫外遇了。东窗事发时，他对她说："我尽力对你好，可你总是不满意，我烦了，也累了。"

另外，很多人都不会换位思考，不懂得要用伴侣需要的方式来爱他。妻子明明和丈夫说："我希望你下班早点儿回家陪我。"丈夫却认为下班早回家不利于赚钱买房，不听。等他终于把房子买给她时，她却跟别的男人走了。不听伴侣说什么，一厢情愿地给，这是婚姻中最大的遗憾。

小米（化名）和大刚（化名）的婚姻出现了危机，感情平淡，性生活不和谐，大刚最近还和一个女网友聊得火热，出现外遇的苗头。皮肤是最大的性器官，女生对触觉的刺激需求是非常强的，小米就特别喜欢肢体接触，大刚却很少拥抱爱抚她。大刚很爱干净，小米却邋邋遢遢，从不收拾房间。咨询时，我帮助夫妻俩看到对方的需要，然后给大刚留了家庭作业：当他发现小米把家收拾好后，一定要及时地给她积极的反馈，比如上街时牵着她的手，看电视时挨着她坐，睡觉时搂着她睡。小米不收拾房间时，不批评指责，同时也不给她积极反馈。坚持了一段时间后，夫妻俩都找回了爱的感觉，性生活也和谐了。

我认为，男人跟情人是找刺激，跟性工作者是发泄，跟老婆是找安全和归属。如果能在安全和归属的前提下，再给他一点儿刺激，他绝对不会离开你。

外遇归来，先修复关系后修复性

性是夫妻关系的晴雨表和润滑剂，如果性爱和谐，夫妻之间的矛盾更容易解决。但如果是感情关系出了问题，一定要先修复关系，再修复性。大脑是最重要的性器官，只有当大脑不排斥伴侣了，性的感觉才能自然产生。

有的妻子在丈夫回归后，特别着急地想留住他。她从丈夫那里打听了他和小三做爱的细节，然后在床上模仿小三。事实上，这是一种最傻的做法。这种女人被外遇打击得自尊和自信都降到了最低点，连做自己都不会了。感情还没有修复好就急着修复性是本末倒置。另外，发现丈夫外遇后，如果还希望修复夫妻关系，千万不要刨根问底地问他和小三的做爱细节。越问细节，夫妻俩就越过不了这道坎儿。可以问外遇丈夫这样的问题："我哪里做得不好？你为什么会找情人？在婚姻里，你的哪些需求没有得到满足？在外遇的关系里，你得到了什么？"弄清楚这些问题，可以帮助夫妻修复关系。

有一位女士问我："我丈夫外遇回归3个月了，我们也有感情交流，可他还是不肯上我的床！他是不是心里还惦记小三，想为她守身如玉？"我问她："你有什么改变吗？你们之间的关系有什么变化吗？"她回答："我变得更容易生气了，更多疑了，有时候会忍不住和他翻旧账，发脾气，偷偷看他的手机，打电话查岗……"

我对这位女士说："如果你真的不想离开他，就要从现在开始接纳这个犯过错的男人，重新建立信任。你要用真实的自己去和他碰撞。如果你的信任换来的是又一次的欺骗背叛，那就不要原谅了，可以选择离婚。"

很多女性不知道，当丈夫下决心回归后，他会期待和妻子开始一段全新的婚姻生活，会期待妻子通过这次危机事件，也能有所改变。而不是因为他做错事，在旧有的、不满意的婚姻中接受妻子的惩罚，在家里不受尊重、颜面扫地。没有人愿意在婚姻中受罪的。但妻子的心理是：是你外遇的，错的人是你！我没有错，我是受害者！我是无辜的！你就应该好好悔过，好好表现，对我更好！于是，夫妻被困在一个圈子里，双方都无法走出。

外遇归来的丈夫一般想先试探一下，看看妻子是不是真的翻篇儿了，自己还有没有活路。如果看不到妻子的原谅，觉得我无论做什么都是错的，我像个罪犯一样在家里抬不起头来，那我还回来干吗？这时候，他根本就没有情绪和欲望去爱，日子也一定过不好。

还有一位女士在丈夫外遇归来后，要求他签署一份忠诚协议，约定如果丈夫再次出轨，孩子与所有财产都归女方所有，男人净身出户。这位女士问我："我老公同意签协议，可是签完协议，我们的感情却更差了，也没有性生活。我是不是做错了？"我说："签协议本身没有问题，但是拟订协议时，你丈夫有权参与讨论。

比如，如果他外遇，财产和孩子都归你；如果你不翻篇儿，把一定比例的财产给他。人家承诺放弃财产表明自己回归的决心，但是你却成天算旧账，不承担自己的责任，只想给自己留后路，那不就成了霸王条款吗，他能不对你寒心吗？"

拟订回归协议条款时，如果邀请丈夫参与，就不会伤害他的自尊；如果他不参与，只是在经济上对他制裁，他会非常反感。想要赢得丈夫的好感与感激，妻子一定要真诚，可以这样说："我真诚地爱你，不希望破坏这个婚姻，我觉得你也是，对吧？所以，我们要彼此建立信任，这个过程一定很艰难。为了让这个艰难的过程有一个保障，我想我们得有一个具体的行为守则。比如，约定几点之前回家、家务分担等。你的经济收入、电话通信要向我公开，同时，我把孩子的教育权交给你，改掉强势的毛病……"如果丈夫感觉自己是在一个平等的关系里，妻子在向他喜欢的方向努力改变，那么他回归的态度就会更加积极坚定，而不是人回来了，心还飘着。

现在，我们对亲密关系的质量要求越来越高。但是，性教育不到位和爱的能力的缺失，又让我们在经营亲密关系时遇到很多困难。随着社会的多元化发展和女性经济地位的提升，当我们在婚内得不到满足时，不再忍耐压抑，而是去找别人来替代，于是外遇的现象变得越来越普遍，离婚率也逐年增高。想要拯救我们的婚姻和性，一定要从根儿上努力——学习爱的能力，把缺失的性教育一一补上。

5

采访人：**董颖**

采访对象：**Marianne 博士**，德国舞动治疗协会创始人之一，德国艺术治疗协会副主席，有17年在医院治疗身心疾病的经验。

观点：我们的头脑在身体中，身体也在头脑中，很多压力和情绪会反映在身体上导致身心障碍。舞动治疗可以帮助我们打开身体、疏导情绪，体会身心合一的美好。

你选择了遗忘，可身体还记得

人，最擅长的就是不了了之。你现在还能想起上一次哭是为了什么吗？

我们的大脑有自动选择性记忆，那些不愉快的经历、感受，常常会被主动忽略、遗忘，假装什么都没发生过。

虽然你的记忆过滤了那些伤害你的人和事，但它并没有真的消失，只是埋在了内心最远最深处。无论多久，它都有可能在深处爆炸。或许你已经忽视了它，但是你的身体仍然可以感受到这种深处的不适，所以一些人会莫名地患上身体疾病，却查不出原因。有可能，就是你已经淡漠的心理伤痛带来的反应。

就像研究报告说，大部分痛经的女性都有过不愉快的感情生活。虽然不是那么绝对，但确有一定依据。

听，身体在说话

我们常听人说："一要和老板谈事，我的双腿就发抖。"其实真实意思是，我很恐惧。当听说和要好的朋友接下来几年时间都不能见面,会感觉"我的喉咙发紧",意思是我很难过。还有人疲惫地说:"我好像背着一座大山!"其实想说的是,我需要休息和减负。

每种语言中都有类似的隐喻。这些我们生活中真实的感受,其实就是身体对情绪的反馈。

当人们拥有了这样的感知,懂得了身体的语言,就能够更好地从身体的一些不适中去发现情绪问题。

举一个我治疗过的案例。有一个年轻女孩总是腹泻,已经很久了,到医院检查不出问题。她来到我这儿,我发现她总是笑着,我觉得她有着过多的微笑,那么她的悲伤在哪里?

于是我让她和丝巾共舞,因为她喜欢丝巾。我们做了很多很轻柔的动作,接下来,调整加入一些情绪,比如加一些愤怒的动作,但是我不直接给她建议,只是让她尝试不同情绪的表达,她做得很好。

后来我问她愿不愿意跳一支舞,试着调节一下微笑,我们就先从这里来改变。她开始意识到她的笑其实是一种保护,当她能放下这种笑容的时候,整个人就开始松弛下来。

接下来,她尝试彻底地放下,忽然就回想起一些东西。她想到自己怀孕,去做人流,妈妈把她一个人留在那儿。手术是失败的,导致她以后再也不能怀孕。做完手术她只能一个人走回家,快到家时鲜血顺着腿流,回到家她忍不住哭泣,妈妈说:"不许哭!

这是你的错。"

正因为她的情绪和悲伤无法表达，所以此后这些年，她的腹泻就是在讲述这个故事，用一种保护自己的隐藏的方式去讲。

当然不是所有的腹泻都是情绪问题，但这确实是一些患者问题的所在。当我们能够通过身体的不适，来探寻到内心深处真正的问题所在时，就可以采取一些办法和措施。比如这个女孩，我们没办法让她恢复生育能力，却可以试着帮助她让整个生命活得更加完整，可以更好地承受这样的情绪。

从很多来访者的治疗过程中，我发现人们可以用身体去自发地表达情绪。

有两类主要的患者类型（其他心理分析书也会做类似分类）。一类称之为成就导向型，以男性居多，他们逃避情绪问题，否认任何软弱、疾病，他们对身体没有或者很少有觉察。另一类是症状导向型，他们不想获得什么成就，不想去迎接任何挑战，而是逃避到一个整天生病的状态。他们否认自己拥有任何的能力，拥有任何的力量，只是感受到自己很虚弱，他们对自己身体的觉察有点儿过度了。

成就导向型的人很容易心脏猝死，治疗这类人的困难是他们拒绝承认自己有任何疾病。症状导向型的人则永远认为自己的身体是负面的，只把自己当作病人，这类人很难做治疗的原因是他们潜意识里认为自己一旦被治愈了就会失去身份。

面对任何一种状况，舞动治疗都能找到答案。

身体和心智的相互理解

我们的身体和心智是相互理解的，人们曾经把身心障碍当作一种身体障碍，但是找不到医学原因。而且人们生了疾病要服药，按不同部位，比如妇科、心脏，可是身心障碍不同。

不过近几年，定义已经被改变，就是"我们的头脑在身体中，身体也在头脑中"，一些身体障碍其实是身心障碍，人们开始逐渐接受这个观点。

有多少比例的人被诊断为身心障碍患者呢？德国近年来的医学数据显示，在家庭医生上门访问中，有40%～50%的人呈现出这种身心障碍，但是并没有被报告出来，所以存在很多隐藏着的患者。

这是一种代价高昂的障碍。

这类患者因为身体不适，不断去医院看医生，诊断治疗的过程极其漫长，他们一直要求医生给自己做检查、做诊断，还会接受一些本不应该接受的治疗和手术，因为每次都找不出确切病因。

所以有些患者去看病，医生说你这方面没有问题，他会不信，然后执着地去看下一个医生，直到找到自己想要的答案。不排除一些人没有某种病，却因为这样大量的求医问药，导致最后得了病。比如你明明没有疼痛，但是长期大量服用止疼药，可能就真的会出现疼痛障碍。

那么，为什么人们的这些心理因素，最终会表现在身体上？比如溃疡、风湿……有很多理论无法赘述，但是有一个通用病源，就是极度的压力。研究表明，这类患者的身体已经陷入了防御状态，就是心理的压力和情绪是向内走，而不是向外表达。

一个人不敢去表达自己的情绪问题有很多原因，有些是自己没有意识到，有些是因为我们这个社会对心理疾病有一种恐惧感。社会是接受身体疾病的，因为觉得这是正常的，可以被理解和照顾。但是当人们有情绪问题的时候，立马会被评判为这个人好脆弱、好计较。所以，人们就学会对自己的情绪没有觉察性，进而产生身体的症状。在有些家庭环境，比如军人家庭，这种不允许情绪表达的方式是特别严格的。

现在很多人已经渐渐知道心理健康的重要性，也知道要看医生。但是很多时候心理医生询问来访者，你之前有没有过心理上的创伤啊，他们通常回答"没有"。

所以，舞动治疗的长处就是，不需要你说什么，让身体自己来感受、来说话。整个过程会让人觉得自己是自由的，可以表达自己的情绪。

疗愈一个人 家庭都受益

身心障碍是一种发展性障碍,在一个人的成长过程中,这部分人没有学到如何去调节情绪、去调节和应对压力、表达需求、建立关系和处理自己曾经的创伤。所以,舞动治疗要教会人们这样的技巧和技能。

2014年,11位舞动心理治疗师共同参与一个课题,在门诊治疗中进行干预,并记录这些做法和患者症状之间的关联,结果发现身体接触的即兴舞动能够有效减轻身心压力。翻阅身心障碍者的病例,会发现很多人都存在一定程度的依恋问题。身体接触,给患者机会去感受亲密感对其是有帮助的,空间上的舞步调频能够帮助他们治疗情绪的问题。

舞蹈是有治疗性的。通过舞动治疗来探索你的行为意义、动作意义,你到底是谁。然后可以找到一种对自己来说更真实的方式来生活,或者对一些创伤做一些复原。

我接触到很多有创伤的女性,通过她们的人生经历,她们感知到自己是不被允许有愿望的。她们的存在只是为了孩子、家庭以及老公,自己完全不重要。

我让她们试着练习在空间中走动,然后任何时刻,当她们想坐或者是躺在地上,都可以,也随时可以帮助那些躺在地上的人,让她们起来,都很随心。

之前这些女性，是从来不会让自己躺下来或者接受别人帮助的。所以，第一步是了解自己在做什么。然后反思为什么我是这样的反应，是什么导致了现在这种行为？当人们开始有这个意识，再回到这个环节，就能以一种不同的行为表现出来，继而清晰此刻我做的是什么，然后就可以发展出来一种想要改变的愿景。舞动疗育（治疗和教育）只是提供让她们改变的这些机会，并不会强迫她们以某种形式来做什么。

在这么多年的治疗实践中，我了解了更多关于人的东西，而且我也经历过很多碰触人心的时刻，比如人们发现了自己潜在的能力或者通过调整战胜了自己的疾病。所以，这是一个非常有创造性的工作，虽然是治疗一个人，却使整个家庭都受益。

我有一个即将退休的男性来访者，他的妻子对他有一些不满，他也不知道是为什么，所以产生了一些抑郁情绪。然后我就请他们做一些简单的舞动，他们都会做。当时的状况是，丈夫把手臂一直向前撑着，跟妻子保持距离，但是他握妻子的手非常紧，所以妻子离不开他，却也无法靠近。

之后我就邀请他做一些比较放松的动作，他跟妻子的空间距离变得有点儿近了，我就根据他的状态改变，把更多的东西探索出来。

他们的问题就是需要对家庭新的情形做一个重新调整，因为以前丈夫是上班的，现在他会有更多的时间待在家里，所以他们需要对这种情形重新适应。接下来我们就尝试这种动作练习，比如说让他们分开，再让他们在一起，然后观察他们分开时想要待多久，在一起时想要待多久？接着我们会再探索一下，这种状态在现实生活中是什么反射，是不是就意味着丈夫可以去外面多参加一些活动或多做一些运动来缓冲这种问题。

很多情况下，当来访者将问题以动作的形式做出来的时候，跟单纯的言语治疗是不一样的。上面提到的夫妻，之前也做了言语治疗，什么都没有发现，但是通过舞动疗育，我看到一些情况并且知道了问题所在。

身体的自我保护

我们举一个身体症状的小例子，比如高血压，其实就是很多东西在身体里卡住了，没有把它表达出来。比如这类人可能害怕说我爱你，害怕说不……这个压力或许是你的工作、婚姻，或是创伤。试想一下，当我们被狮子追的时候，我们会立马感受到这种压力，身体就会呈现出这种症状来。

所以关于高血压，除了吃药控制这个压力，还要深层次地探索产生的原因到底是什么。当人们感受到自己是被理解的时候，会愿意讲述更多。如果人们认为治疗师只是说，你跟我说说你的问题，好吧，我们现在来做改变，做这个做那个，很模式化的，这种改变就很难形成。

当然,身心疾病有很多类型、表现,比如有人问妇科疾病也是一种身心疾病吗?

有些是,比如阴道瘙痒,这可能是由于女性没有伴侣,或者是性生活不是很好。这个症状的产生就是在提示有一些东西是不正常的。当你来挠它的时候,有些类似于自慰,所以如果治疗方案只是治疗瘙痒,而不是针对两性关系的话,那就不是一种专业性的治疗。

不要让创伤代代相传

近几年提得越来越多的童年创伤或是原生家庭的问题,都会延续很长时间。想想很奇怪,我们开车需要学习,但想生孩子不需要学习,想成为父母也不需要学习。所以,其实社会应该对夫妻、父母多一些培训,以使人们不让创伤一代一代地持续下去。

在德国,现在存在的一个问题是有很多单亲母亲,当地就有一个项目是针对这个群体的,教她们做一些防御,不要把自己过多的压力传导到孩子身上,比如说因为自己失去伴侣,就把这个孩子想象为自己另一个伴侣。而且这个项目是在这些单亲母亲孕期就开始的。

在日常生活中,我们也可以尝试一些治疗情绪的小动作,比如在路上，大家的表情基本都是嘴角向下，这时你试着很小幅度地调整自己，让嘴角呈直线，不让它沉下去。你会发现，当你还没有达到微笑程度的时候，就已经有一种正面积极的感受了。

还有当你窝在车里情绪不高的时候，把身体打开一点儿挺起来，你就会有一些不同的感受。这些都是你在日常生活中很容易调整的。当你观察到这种感受的时候，并不是说让你立马把它消除掉，重要的是，你观察到了自己此时此刻的感受：我有点儿伤感，嗯，我知道了自己的感受。

如果你能更相信自己的感受，就可以选择是用自己的认知把它给压下去，还是跟随自己的直觉来做事。我会把它称为一种真实性，当你以这种真实的状态把自己呈现出来的时候，你会感受到它的舒适，而且人们会被有这种真实呈现感的人吸引，这就是一种身心合一的美好。

第三章 懦弱是这个时代男女的通病

哪里会有人喜欢孤独,不过是不喜欢失望

////////////////////////

\>>> 海蓝博士 / 约翰·贝曼 / 张海音 / 郑立峰 / 李明 / 张怡筠

1

采访人：**付洋**

采访对象：**海蓝博士**，上海医科大学（现复旦大学上海医学院）医学博士，美国德州贝勒医学院神经科学博士后，美国范德堡大学皮博迪教育和人类发展学院心理学硕士，中国抗挫力训练总设计师，"静观自我关怀"全球首位中国师资培训师，著名情绪管理专家、幸福力研究者，中国家庭教育学会常务理事和高级顾问，著有《不完美，才美》等多部著作。

观点：在每一个当下，都问问自己：我说的这句话，做的这件事，是让我们之间的关系更靠近，还是更疏远？然后，永远只做使彼此靠近的事。

我们应该永远只做使彼此靠近的事

我的婚姻为什么不完美？为什么明明自己为对方做了很多事，却总是出力不讨好？两个人性格不合，婚姻能幸福吗……海蓝博士的《不完美，才美》，对婚姻进行了精辟的解读。

用完美的标准衡量婚姻，是很多女人痛苦的根源

"我是一个女人，所以最了解的是女人的心理。用完美的标准衡量婚姻，不能接受现实和理想的差距，是很多女人在婚姻中总是感到痛苦的根源。"在海蓝博士看来，很多女人都期待一个完美的婚姻：择偶时，想要嫁给一个有车有房有地位、英俊潇洒的高大上男人；结婚后，老公要爱她，永远不变心，要时时刻刻地关心她、呵护她、宠她；两个人一生恩恩爱爱，不争不吵，婚姻里什么烦恼都没有。

然而现实是，每一个人生来都是不完美的，也不可能满足伴侣的所有需要，人生还有那么多意外发生，所以，完美的伴侣和完美的婚姻都是不存在的。如果不能接受现实与理想的差距，就会对伴侣怎么都不满意，总是感到痛苦。

有一位女士快60岁了，还梦想嫁给一个浪漫又痴情的"都教授"。她认为丈夫既不浪漫，也不会心疼人，还很少干家务，对丈夫不满了30年，最后只能靠看韩剧来寻找精神寄托。

海蓝博士带领她做了7天的"静观人生梳理"。回顾过去，360度地看到事情的全相，重新审视亲密关系，重新认识和改变自己。

7天"静观梳理"后，这位女士惊讶地发现：爱人没有自己想象中那么"坏"，甚至比自己以为的更好。婚姻中出现的问题，自己至少要承担一半责任。每次丈夫做家务后，她总是挑剔、抱怨和指责，嫌他衣服洗不干净、菜买得贵了、笤帚拿得不对……原来，在她的口中，他没有一件事是做对的。久而久之，丈夫就没有做家务的动力，什么都不想干了。原来，丈夫也会心疼她，她每一次生病，他都无微不至地照顾……只是这些温暖的小事都被她忘记了。她特别感动这个男人能够忍受自己的唠叨和抱怨30年。她激动地对海蓝博士说："原来我一直守着一个宝贝，只是自己没有发现！"

这位女士回家之后，首先向老公真诚地道歉："这么多年来，我说了很多不合适的话，做了很多不合适的事，真是对不起！谢谢你这么多年来对我的包容！"从此她把关注点都集中在老公的优点上，成天夸他。老公做家务，她也不挑剔了。比如，老公拖地，弄得满地都是水，她说："哎呀，老公你太棒了，现在都开始拖地了，这么心疼我！"老公听见特别高兴，干劲儿更足了，下次拖地把犄角旮旯都拖得干干净净，积极主动做家务。现在夫妻俩的感情可好了，还经常出去旅游。

其实，女人之所以期待完美婚姻，背后隐藏着很多心理诉求。比如，有的是为了寻找安全感，渴望自己被理解、被爱、被支持；有的内心还是一个婴幼儿，渴望自己像孩子似的，一辈子有人照顾有人爱，不是在找老公，而是在找"老爸"。还有一种心理是"灰姑娘综合征"，找老公最好找一个有房、有钱又有地位的男人，幻想最好能够嫁入豪门，以为这样就可以幸福，至少用不着那么辛苦。

在海蓝博士看来，"灰姑娘综合征"就是寄生虫和乞丐情结。做灰姑娘，通常嫁入的是"嚎门"，而不是豪门，为躲避辛苦而忍受痛苦。以寄生虫和要饭的心态去寻求伴侣，即使实现了，后果也可想而知。怀着寄生虫的心态面对婚姻，就会过寄生虫一样的生活，躲躲藏藏，不知道哪天就被清除了。没有同甘共苦的经历，怎么会有刻骨铭心的爱？怎么会有经历风雨的天长地久？

难以拥有美好婚姻的误区

当处理亲密关系的能力出了问题的时候，离婚是解决不了根本问题的。海蓝博士认为，如果你在广州不会游泳，到了北京也不会游。你需要提高游泳能力，而不是换游泳池。同样的道理，如果你只会抱怨婚姻的不完美，那么到了下一段婚姻，关系也很难和谐，因为你依然不了解自己，缺少处理亲密关系的能力。

其实，我们可以学习创造婚姻的美好与甜蜜，拥有温暖而持久的亲密关系。

首先，需要明确自己在婚姻中的角色。在亲密关系中有4种角色：朋友、情人、孩子和父母。朋友角色是彼此分享喜怒哀乐，互相帮助，平等独立；情人角色是关心、爱护，充满温情体贴和浪漫欢愉；孩子角色是总希望得到保护和照顾，呵护和宠爱；父母角色是指责、命令、批评对方，希望她听自己的。

在一段婚姻中，这4种角色可能在每个人身上都有，而且会变化。如果，"朋友"和"情人"的角色占到80%，那么，这样的亲密关系是温暖而持久的。

但是，很多人走进了亲密关系中的误区——把自己永久当成了"父母"或"孩子"。把自己当成"父母"，就会在婚姻中控制伴侣，总是希望爱人按照自己的标准来做，甚至包括鞋子如何摆放、衣服怎么整理、碗怎么刷等等。时间长了，爱人就会觉得特别烦，很容易搞外遇。

有一位女士，她最不满的地方是，丈夫每次用微波炉热菜不盖盖子。她认为这样不卫生，而且热菜的质量也不好。但是，丈夫觉得热菜只需要一分钟,还要盖上盖子太麻烦,总是忘记盖。夫妻俩几乎每天都为这件小事吵架,吵到感情都快没了。

海蓝博士问女士:"在婚姻当中,你最想要什么?"她说:"我当然想要亲密与和谐啦!""那盖盖子有那么重要吗?因为这种事情破坏你的亲密关系,到底值不值得?"她想了想,问:"那我看着他不盖盖子,心里特别难受怎么办?"

海蓝博士说:"所以,你要有一个选择:是生活习惯重要,还是婚姻的亲密和谐重要?你要在自律和尊重别人之间做出选择。在婚姻中,每个人都是有选择的。选择是困难的,因为我们有太多的东西难以舍弃和承受。但是,生命就是一系列选择的结果。为了婚姻和谐,就要承受一点儿不习惯和不舒服。"

后来,这位女士放下了自己的控制与标准,和丈夫商量后,双方达成一致:她不再要求丈夫必须盖盖子,同时丈夫承担不盖盖子的后果——负责清理弄脏的微波炉。

看似是一件鸡毛蒜皮的小事,背后隐藏的是一个很大的问题:尊重。在海蓝博士看来,完全不尊重对方的感受,一味用自己的方式表达对对方"好",结果就是出力不讨好。有一位女士特别喜欢给老公煲汤。因为老公的身体不太好,她认为汤很滋补,对爱人的健康有益。喝了一段时间之后,老公说:"老婆,你别给我煲汤了,我其实不喜欢喝汤。"但是,妻子觉得汤营养丰富,非要给老公煲汤,逼着他喝。之后,老公又反复说了几次自己不想喝。她还是不听,继续煲汤。直到有一次,老公气疯了,拿着菜刀冲她喊:"你再给我煲汤,我就杀了你!"这位女士还特别委屈:"我这都是为了他好啊!"海蓝博士对她说:"这个男人是你的丈夫,不是你的孩子。你连他想要什么都不知道,强迫他接受自己不喜欢的东西,你还指望他领你的情?"

另一种情况是全然把自己当成小孩,在婚姻中随心所欲,无理取闹。对方一旦没有满足自己的要求就会发脾气。有时候因为对方的一句话就爆了,特别能作。把自己当小孩的人,如果遇见一个内心成熟的人,对方会感觉很累;如果伴侣也是一个"小孩",那么双方之间会发生很多冲突,婚姻质量就会很差。之所以会成为"小孩",可能是因为小时候,父母工作忙,缺少关爱,所以在婚姻中寻求补偿,希望得到爱人的关心、爱护、支持……而且,即便对方给得再多,还是觉得不够。"小孩"需要自我成长,不能把快乐寄托在别人身上。

在美好的婚姻中,比重最大的是"朋友"和"情人"角色。但是需要注意,如果夫妻只做"朋友",不做"情人",那么婚姻就会缺少情趣,可能会影响亲密感。而一味地追求"情人"的浪漫和体贴,自己会失望,对方也难受。在海蓝博士看来,婚姻中的"情人"状态就像性高潮一样,谁都不可能整天高潮。

有一对夫妻找到海蓝博士求助。妻子对丈夫很不满意,因为他不解风情,从来不说甜言蜜语,说话太直接,让人讨厌。有一次,妻子买了一件新衣服，觉得穿着特别好看，问他："你觉得好不好看？"丈夫特诚恳地说："你穿这件衣服，很像保洁员！"还有一次，平时素面朝天的妻子，心血来潮地化了妆，丈夫一看见，就说："哎呀，你看着真吓人！"把她气得够呛，而且这样的事情不是一次两次。丈夫也感到很委屈："我不是故意泼她冷水，我只是比较直！"

海蓝博士问妻子："你当初为什么会选择他？"

她回答说："他让我感觉很温暖、踏实，很有安全感。有时候，他去外地出差，让我把手机放在枕头边，如果感到害怕，就给他打电话。无论我什么时间打给他，他都会第一时间接起来陪我聊天，特别温暖……"

海蓝博士笑着说："你对他的信任就缘于他的真实，你也别指望他嘴上抹蜜，虚情假意，那就不是他了。你看，这个温暖的举动何尝不是一种浪漫呢？比甜言蜜语更加好啊。而且，事情都得分两面看：他长得好，个子高，还是一位博士，如果再擅长甜言蜜语，你还会有安全感吗？想要甜言蜜语，自己可以脑补啊！"在海蓝博士的引导下，这位妻子调整了自己的心态，不再期待丈夫变成另外一个人；丈夫也注意说话方式，不再打击人。

没有不美好的婚姻，只有不愿意学习和改变的人

海蓝博士自己的婚姻也不完美，但是她却和先生创建了和谐的关系。

婚前，先生和海蓝博士的期待有很大距离：她想找一个身高超过1.76米的帅哥，先生虽然英俊，但是身高不足1.7米；她特别喜欢读诗，大爱普希金和泰戈尔，但是先生对诗歌毫无兴趣。结婚之初，两人也有很多冲突：海蓝博士热情好客，先生对客人很冷淡；她有抱负，积极进取，先生更热爱生活，体验生活；她经常把东西随手乱放，先生却特别爱干净……

但是，随着学习和成长，海蓝博士越来越多地发现先生的优点：非常理解和支持自己，头脑清晰，懂得享受生活。

海蓝博士人生中所有重要的转折点，都离不开先生的支持。她从医学转到心理学领域，从美国回到中国，包括早年她放弃杭州户口考研，所有人反对，只有先生支持。杭州是人间天堂，很多人为了留在杭州绞尽脑汁。当时，亲朋好友都劝她，只有先生淡定地说："行！你去念吧。你要是回不来杭州，我跟你走就是了！"当时，双方父母都觉得他脑子进水了。但是先生觉得，既然妻子这么爱读书、爱学习，将来一定会有所建树，而婚姻是一个共同体，他把妻子的梦想，看成是家庭共同的梦想和前景，特别愿意去成就她。

先生非常热爱大山和海洋，常常琢磨好玩的去处。一贯勤奋努力的海蓝博士曾经对他也有不满："这个男人就惦记着玩，也不干点儿正经事！"可是渐渐地，海蓝博士发现，这样的先生正是她的缓冲剂。每当她特别累的时候，他就对她说："走，我带你去一个好玩的地方！"她因此学会了放松，享受大自然。

海蓝博士认为，在不完美的婚姻中创造美好，第一步是做"静观人生梳理"。把自己从小到大的经历，尤其是和父母、伴侣之间的关系好好回顾、梳理一下，看看问题出在什么地方。

第二步是了解自己的思维模式。看看这种思维模式在自己现在的婚姻中，哪些是有帮助的，哪些是有障碍的。障碍要怎么来处理。

第三步是每天在生活当中修正自己。夫妻至少要投入一年的时间来学习和成长。海蓝博士有300多个静修生，有的学习之前婚姻面临崩溃，而今绝大多数人的婚姻都已经变得和谐。

与很多专家不同的是，海蓝博士认为，改善婚姻的方法不是越多越好，太多反而会让人混乱，无从选择；婚姻中也不需要花哨的技巧，只要掌握一个原则就行。

她给记者讲了一个小故事：从前，有一个师父教徒弟武功，10年就教了他一招用手劈树。徒弟非常生气："您教了我这么多年，怎么就教一招？"师父说："你把这一招练好了就够用。"后来，武林举行大赛，有一位武林高手会的功夫特别多，招式让人看着眼花缭乱。可这位徒弟上台后，一挥手就把高手劈倒了。这一劈看似简单，却积累了10年的功力，所以威力无穷。

海蓝博士的"十年一劈"是在每一个当下，都问问自己：我说的这句话，做的这件事，是让我们之间的关系更靠近，还是更疏远？然后，永远只做使彼此靠近的事。

这个原则看似简单，却包含了爱、真诚和尊重，做起来其实很难。但是，只要伴侣没有家暴、酗酒、赌博这样的恶习，坚持每天按照这个原则去做，婚姻一定会变得美好。不信，你来试试看！

2

采访人：**付洋**

采访对象：**约翰·贝曼博士**，注册心理学家，注册婚姻家庭治疗师，美国婚姻与家庭治疗协会（AAMFT）认证的督导，齐家盛业特约导师。享誉国际的作家、心理治疗师和教育家。太平洋国际萨提亚学院创办人，现任国际家庭治疗联合会董事，曾与萨提亚、玛利亚等合著《萨提亚家庭治疗模式》。

观点：95%的婚姻是可以修补的，我们可以增加亲密的方式，丰富我们的生命，改善我们的婚姻。

不够亲密是中国夫妻最大的问题

在"家庭治疗之母"维吉尼亚·萨提亚女士去世之前,有一个人一直跟随她学习家庭治疗,他们还在一起工作了8年,他就是国际萨提亚大师约翰·贝曼博士。著名萨提亚治疗师林文采、蔡敏莉都是他的学生。那么,在这位顶级萨提亚大师眼中,中国人的婚姻是什么样子?想拥有一个好婚姻,我们还需要做哪些功课呢?

不懂得处理差异,影响夫妻亲密

在约翰·贝曼博士看来,中国夫妻最大的问题,是不够亲密,而这源于他们不懂得如何处理彼此之间的差异。当夫妻俩的想法不一致时,他们可能会吵架、打架,甚至衍生暴力;可能会为了避免吵架而选择逃避问题,就好像钻进地底一样,两个人都不开心;可能会妥协,你退一步,我让一步,但是心不甘情不愿。无论是选择哪一种,夫妻的亲密关系都会受到影响。过去,我们常常说要解决婚姻中的冲突,但冲突是夫妻差异的结果。如果等发展到冲突的程度再去解决，恐怕已经有些晚了。

"为什么他们不能接纳彼此的差异呢？那是因为在面对伴侣时，很多人总是觉得：我的感受比你重要，我的观点比你重要，我的期待比你重要，我的工作比你重要，我的父母比你重要……那么，伴侣很自然地感觉被拒绝、被抛弃或者不被理解，于是争吵或者冷战出现，夫妻的亲密关系就被破坏了。我认为，每个人都是宇宙中独一无二的存在。人的存在本身，比行为、感受、观点、期待更重要。所以，在解决夫妻差异时，我经常会问他们一个问题：什么更重要？只有搞清楚这件事，我们才能够真正做到接纳——哪怕我不喜欢，但是，我可以接受。"

曾经，约翰·贝曼博士和太太的最大差异是关于时间的运用。他们都是治疗师，而且满世界地跑。有一段时间，约翰·贝曼博士来中国，太太去土耳其；约翰·贝曼博士来新加坡，太太去伊朗……结果，他们相聚的时间非常少，都觉得在对方心中，工作才是最重要的，并且因此发生过冲突。通过沟通，他们更加尊重伴侣的感受，在安排自己工作的同时考虑对方的安排。比如这一次，约翰·贝曼博士原计划是10月去新加坡，但因为太太10月在加拿大，所以他特意把去新加坡的时间调到11月，这样夫妻俩就可以在家里共度一个月，享受亲密。

在性生活上，很多夫妻可能会有差异：一个希望每天都有，另一个不感兴趣；一个希望只在床上，另一个希望变换地点；一个喜欢白天，另一个喜欢晚上……如果这些差异解决不了，那么，夫妻就很难拥有性的亲密。约翰·贝曼博士会帮助这些夫妻意识到：人才是最重要的，那么，差异自然就变得不那么重要了。夫妻俩就可以放下期待，坐在一起讨论差异，运用自己的资源做出更适合他们的选择。

还有很多人会认为父母比伴侣更重要，夫妻之间因此产生很多矛盾。这种情况在加拿大很少发生，但在中国比较常见。约翰·贝曼博士认为，父母对子女婚姻的入侵，可能会把家庭关系搅成土豆泥。

比如，有些婆婆对自己的定位不准，想做儿媳的"老板"，儿媳要么事事讨好婆婆，觉得自己被贬低、不受重视，渐渐在心里积攒很多怨气；要么逃避退缩，对婆婆敬而远之，和丈夫的关系疏远；要么是指责婆婆和丈夫，家里硝烟不断……

无论是哪一种，不恰当的沟通方式都会导致婆媳冲突的产生，进而影响夫妻的亲密关系。而通常情况下，对这个男人的争夺，会以媳妇的失败告终，因为婆婆是不可能把儿子放下的。

约翰·贝曼博士认为，夫妻的亲密关系更重要。如果婆婆能够放下儿子，把他还给他的妻子，这是最理想的。但是，我们不要因此去指责婆婆，因为冲突的产生，儿子和儿媳也有"贡献"。同样，儿媳也不要因为婆婆不喜欢自己就自责，觉得自己不好。在萨提亚的理念里，这是一个系统问题，不是哪一个人的错。

遇到这种婚姻咨询，约翰·贝曼博士一般会首先探索夫妻俩的状态："你怎么看待这个问题；你的感受怎么样？你在想什么？"然后再帮他们看到自己内心的渴望，自己到底想要什么，怎么去要。

最关键的是，约翰·贝曼博士会帮助他们放下批评和指责，进入婆婆的内心，去看看她的感受和她真正想要的是什么。婆婆可能会担心被儿子抛弃，感觉恐惧、愤怒、丧失。所以，约翰·贝曼博士会教男士如何给妈妈安全感，比如亲口对妈妈说："我不会从你这儿跑掉的，我不是拒绝你。我和妻子只是有了新的关系，就像你和爸爸。我做好儿子的同时，也可以做好丈夫，这是两种不同的角色。我现在和你说这些，也是为了我的孩子，因为只有一个好的婚姻，他才会让他幸福成长……"还可以每周拜访妈妈，给妈妈买一些礼物，用实际行动给妈妈安全感。丈夫还必须要长大，学会独立，承担自己在婚姻中的责任。

约翰·贝曼博士也会帮助妻子调整期待，把期待婆婆改变调整为自己改变。接触自己的渴望，学习如何得到自己想要的东西。比如，她渴望被爱、被接纳，那么，就可以坦诚地告诉丈夫："我想跟你多待一会儿，我想让你对我感兴趣，我希望跟你单独做一些事，而不是跟你妈妈一起，我渴望和你有身体上的亲密……"这样，她的渴望才能够被丈夫接收到，才有可能实现。

约翰·贝曼博士说："我们一定要明白，伴侣是不可能满足我们每天所有期待的。如果能放下一些期待，就能为彼此的态度和关系留有空间；如果放下对过往的失望，对伴侣多一些感谢，爱就能流动起来；如果放下指责，彼此接纳、关爱、欣赏、倾听和支持，夫妻关系就能够更加积极，更有活力。"

没有亲密的夫妻是室友

"大部分的夫妻在孩子出生后，他们的角色就发生了变化。'丈夫'变成'爸爸'，'妻子'变成'妈妈'，作为夫妻的互动越来越少。如果做个比喻的话，中国的夫妻像是两条平行线。丈夫忙着工作，没时间陪伴家人；妻子忙着照顾孩子和做家务，没精力和丈夫交流。虽然两条线都在向着同一个方向延伸，但是彼此之间的连接和互动却很少。没有亲密，又住在一个房间里，他们的关系更像是室友，而不是夫妻。"

在约翰·贝曼博士看来，夫妻关系不能停留在做事情层面上，而是要保持积极的互动和连接，也就是要增加亲密。其实，他们可以拥有各种各样的亲密。

比如情绪的亲密。每天在很多细小的事情上，充分地表达自己的情绪：回到家里，快乐地问候一声彼此；分开后，打一个电话，哪怕很短。用开放的姿态分享彼此的感受，既分享快乐、喜悦、幸福，也分享担心、失望、悲伤，甚至是愤怒和恐惧。这种有规律的表达，会让婚姻在细微处连接，保持活力。

性的亲密和身体的亲密也很重要。女人能够把两者分得很清楚，男人则容易混淆。当妻子说"我想和你靠近一点儿"时，丈夫的反应通常是："好，那我们上床吧！"事实上，妻子此时渴望的只是耳鬓厮磨的温暖和亲密，而不是性。很多女人抱怨过这个问题，他的建议是："你可以给伴侣一个清晰的信号，比如，我只想牵你的手。"

男人经常把身体和性绑在一起。有些女性害怕被伴侣拒绝、批评、攻击，会习惯性地讨好丈夫。在心理能量不足时，她们的口头语言和身体语言也可能会不一致，让男人误以为女人说"不要"时，就是在说"要"。

性是一件非常敏感的事情，对某些男人来说，被妻子拒绝性要求，意味着：你不爱我了，你不在乎我。他会感觉很愤怒，很受伤。约翰·贝曼博士建议妻子可以这样说："此时此刻的这个时间不合适。"丈夫就知道，是时机不合适，而不是他这个人不合适，自尊就不会被触犯。不过，性的亲密对于夫妻关系是很重要的，它会让婚姻充满活力。

在精神方面，我们可以拥有智力的亲密、审美的亲密和灵性的亲密。智力的亲密，是指夫妻可以一起讨论重要的话题，比如社会、经济、政治、天文、地理、历史等等，包括自己的专业。约翰·贝曼博士和太太经常讨论心理治疗的话题，如何处理精神分裂、如何处理创伤等等。他们也会分享彼此对生命、宇宙的看法，这些讨论会让他们在智力上连接。每当和太太讨论这些话题时，约翰·贝曼博士总觉得时间过得太快，因为这种感觉太享受了！审美的亲密，就是能够一起欣赏美丽的东西，比如音乐、艺术、诗歌等能够陶冶人情操的"阳春白雪"。约翰·贝曼博士和太太就非常享受一起听音乐，一起看芭蕾的美好时光。

  灵性的亲密，是指夫妻在灵性的层面是有连接的。拥有灵性亲密，并不表示夫妻俩要一起去教会，而是能够一起体验生命力，比如，两个人可以一起静心、冥想等等。

  社交的亲密和娱乐的亲密，也有助于改善婚姻质量。约翰·贝曼博士和太太拥有社交的亲密，他们有很多共同的朋友，经常一起参加聚会。所以，周末的时候经常会讨论："这周想见谁？跟谁一起吃饭？在我们家吃，还是在他们那儿的饭店吃？"娱乐亲密是指夫妻俩有共同的兴趣爱好，可以一起开心地玩，比如滑雪、打球、唱歌、游泳等等。

  约翰·贝曼博士解释说，一个好婚姻，不意味这些亲密都必须有。比如，他和太太在娱乐方面的亲密就很糟糕。约翰·贝曼博士喜欢打乒乓球，但是太太不喜欢；太太喜欢填字游戏，约翰·贝曼博士不喜欢。很多人去温哥华都会滑雪，他俩从来不去玩，宁肯晒晒太阳，什么也不做。因为他们已经拥有很多种亲密，所以即使缺少娱乐的亲密，也不影响感情。

在夫妻治疗中，约翰·贝曼博士通常会建议夫妻至少要拥有3种亲密，只有一种亲密肯定是不够的。他经常会和求助的夫妻一起讨论："你们是如何发现彼此之间的亲密呢？有哪3种亲密，你们是愿意改善的？"当他们拥有了3种亲密之后，可能就会慢慢增加别的亲密。有时候，不同的亲密是可以叠加和融合的，比如，拥有社交亲密后，讨论的话题增多，可能又会拥有智力的亲密；拥有身体的亲密，性的亲密自然也会改善。

约翰·贝曼博士说："我们的婚姻都不是完美的，但是我们可以增加亲密的方式，丰富我们的生命，改善我们的婚姻。"

用爱护车子的心情去滋养婚姻

约翰·贝曼博士说："当拥有一辆车时，你肯定隔几个月就要养护一下，保持它的性能正常。婚姻比车子更珍贵，为什么夫妻俩一过就是几年、十几年甚至几十年，却不记得去养护它？难道要等到婚姻破裂时，才想起去关爱它吗？"

在中国开工作坊时，约翰·贝曼博士经常会问学生们："你上一次是什么时候告诉你的伴侣，你爱他？"有的人回答"3年前"，有的回答"谈恋爱时"，有的答案则让人感到遗憾，"我从来没告诉过她，我爱她"。

约翰·贝曼博士说，中国的经济在飞速发展，社会变化越来越快。七年之痒,痒就痒在我们对于婚姻缺少觉察,总是对伴侣"想当然"。就像一按开关,灯就亮了;一拧水龙头,就有水;一去外面,就能看见街道……我们一看见伴侣,就会出现自动化的反应。哪怕我们问一句:"嗨,亲爱的,你今天过得怎么样?有什么开心的事情要和我分享吗?"都是在表现我们对伴侣有兴趣。

可是,如果我们想当然地认为伴侣每天都过着一样的生活,自然就没有了探索的兴趣,不肯在伴侣身上花心思。而当我们习惯这种按部就班的婚姻生活,就会什么都不去做。

婚姻没有新的能量,就会变得很无聊。有的人忍受不了无聊,就会跑到外面找,发生外遇。夫妻关系越来越疏远,直至婚姻破裂。

对婚姻感到厌倦或不满时,约翰·贝曼博士建议夫妻可以尝试"回到当初":"可不可以回到你们当初相遇的时候?是谁追的谁?你们看到、欣赏对方身上的什么?你们当时期待什么?你们当初是怎么找到彼此的呢?你们为什么会找这个人来结婚?要知道,他未必是这个世界上的最后一个人,你选择了他,是因为他的存在是有意义的……"

"回到最初"的心灵之旅,可以让我们找到结婚的初衷——爱。既然我们爱他,就要运用爱的语言和他相处,比如由衷地感谢、赞美、肯定他;送给他喜欢的礼物;为他做一点儿力所能及的事;和他一起约会,散步,看电影,共度周末、纪念日;亲吻、拥抱,握握他的手,摸摸他的头……

"就像维修车子一样,经常维护、滋养我们的婚姻吧。所谓的滋养就是,夫妻都表现出:我关心你,我对你有兴趣,我接纳你,我对你好奇,我爱你……当我们用心滋养婚姻时,其实也是把爱的 DNA 传给了孩子们。因为父母是孩子的榜样,他们从我们身上学会处理差异,学会亲密。"约翰·贝曼博士的孩子们,就从父母身上学会了尊重与关爱。

因为看见父母能够接纳彼此,所以,孩子们都能带着尊重和伴侣交流,并且接纳彼此之间的差异。约翰·贝曼博士的儿子和儿媳都很喜欢度假。但是儿子度假时,喜欢住在干净、舒适的旅馆里;儿媳喜欢住在野外脏乱的帐篷里。因为妻子热爱野营,所以,儿子每年度假时,都会陪她住在帐篷里,尽管他一点儿也不喜欢脏乱。"儿子真的比我做得更好!"约翰·贝曼博士的语气里满是欣慰。

和父母一样,约翰·贝曼博士的孩子们都会用心地庆祝他们的纪念日。他们从父母身上,学会向伴侣表达自己的爱,因此他们的婚姻都很幸福,他们的孩子也都很快乐。

"美国约翰·霍普金斯大学的一项研究显示,95% 的婚姻都是可以修补的,所以,我们要对婚姻多一点儿信心。"在约翰·贝曼博士看来,如果能够学会利用夫妻差异来成长,积极地运用各种方式增加亲密、滋养婚姻,我们就可以拥有一个幸福快乐的婚姻。

3

采访人：**付洋**

采访对象：**张海音**，医学博士，主任医师。上海市精神卫生中心临床心理科主任，上海市心理咨询中心主任，上海交通大学医学院医学心理学教研室主任。中国心理卫生协会心理治疗与心理咨询专业委员会副主任委员，精神分析专委会主任委员，心理危机干预专委会副主任委员，上海市心理卫生学会理事长。

观点：表面上付出，实际上，她们却在用或主动或被动的控制以及忽视的方式对待家人，这也是付出型女人在亲密关系中经常"得不偿失"的重要原因。

亲密关系中,请不要失去自我

在小婚家微信群里,常有网友吐槽:"我为了这个家付出这么多,可到头来他为什么会抛弃我?!""为了孩子,我省吃俭用,几乎所有精力都花在了他身上,可是这孩子为什么这么不争气?!"在婚姻和家庭中,女人的付出和牺牲似乎常常得不到回报,有时甚至得不偿失。为什么会这样?这样的女性又该如何走出魔咒?

家庭中,那些费力不讨好的女人

张海音认为,付出、奉献、牺牲,听起来正向积极且高大上,然而,在家庭中,付出背后的期待是得到更实质的回报,潜台词是"你欠我的"。

桐乐的妈妈小琴便是这样一个女人,如果说小琴不是一个好妈妈,恐怕谁也不会承认。为了让儿子上重点学校和最好的辅导班,小琴每天早出晚归,省吃俭用;儿子的早餐有鸡蛋、牛奶、蔬菜、面包,营养丰富,可是小琴啃着馒头吃咸菜;为了陪儿子上英语辅导班,小琴几乎牺牲了业余时间。老公觉得没必要把日子过成这样,完全可以放松点儿,小琴总是会说:"你要能争口气,我至于这样吗?这不都是为了咱儿子吗?"紧接着会对儿子说:"妈这可都是为了你,只要你好好学习,妈妈受多大的苦都愿意。"

为了不辜负妈妈的期待,儿子一直很努力,学习成绩也不错。但是,在他稚嫩的脸上却很少看到小孩子阳光般的笑容,也缺少了这个年龄该有的活力。结果在中考的时候由于过度紧张而失利,原本打算考重点高中的他,勉强进了一所普通学校。

表面上,像小琴这样的妈妈为儿子付出和牺牲了很多,而实际上,她是用这样的方式控制了儿子。在这种关系中,儿子会持续地处在一种"负疚感"中,如果他不完成妈妈的期待,就会对不起妈妈。因此,他不得不放弃很多自己真正的需要。比如,作为一个孩子对于玩耍的需要,孩子天性中随性甚至懒惰的需要,等等。久而久之,这样的孩子会离自己的内心越来越远,同时也离快乐越来越远,极端的甚至会发展出心理问题。因此,桐乐虽然平时成绩不错,但由于心理素质不好,在中考这样的关键时刻掉了链子。而小琴的自我牺牲无疑事与愿违。

与小琴不同,小冉为家庭的付出和牺牲没有半点儿控制的意味,而是做得心甘情愿,然而即便如此,她也没有得到自己想要的幸福。回顾8年来的婚姻生活,小冉觉得她为这个家付出了一切。结婚半年,小冉就怀孕了,儿子出生后,由于老人年纪大了,没法带孩子。小冉没有太多犹豫，便辞掉了当时做得还不错且有很大发展空间的主管职位，做起了全职妈妈。为了让当时正在事业发展期的老公能够安心工作，小冉承担下了所有的家务。

一晃几年过去了，小冉也从当年的职场丽人熬成了如今的菜市场常客。不过，眼看着孩子一天天长大，活泼又聪明，老公的事业也越来越好，小冉的心里还是有一种满足感。可是，直到一个月前，无意间从老公手机里看到了那条暧昧短信，小冉的世界整个被颠覆了。本以为夫妻这么多年，早已心心相印，谁知道他竟坦然承认和另外一个女人走到了一起，理由就是他和小冉没有共同语言。为了家庭，她做出了这么多的牺牲，难道到头来就是一场空吗？无法承受老公出轨的小冉每天郁郁寡欢，无奈走进了心理咨询室。

老公手机中的暧昧短信敲碎了小冉多年来为自己编织的梦。或许在外人看来，小冉的老公是个负心汉，但张海音认为，往深里想，像小冉一样的女人，她们付出满足的都是亲密关系中的外在需求，比如穿衣吃饭，带孩子做家务。但是她可能从未想过去关注对方内在精神层面的需求，所谓的心心相印不过是小冉的幻想而已。看起来小冉为家庭投入了很多，但是当她忙于柴米油盐的时候，心却和老公越走越远了。这也是她遭遇背叛的一个非常重要的原因。

除此之外，女人的付出和牺牲有时也会让家庭成员感到强烈的压迫感。这从欧雅一家人身上不难看出。自结婚以来，大到买房装修、孩子上学，小到洗衣做饭、收拾屋子，没有欧雅不操心的。每天早上，儿子和老公还在被窝里呼呼大睡的时候，欧雅就开始准备一家人的早餐，晚上辅导孩子学习也是兢兢业业。

看起来，娶了这样的女人应该是享福的。可是，不知为什么，老公和儿子却总是和她对着干，不是嫌饭不好吃，就是嫌她太唠叨，有一次竟然因为一点儿小事而大打出手。欧雅心里委屈极了，真的不知道为什么自己付出这么多，老公和儿子不仅不买账，反而合起伙来挤对自己，这样的日子真是没法过了。欧雅的经历验证了一句经典的话：费力不讨好。为什么会这样呢？

不难看出，欧雅的付出已经侵犯了别人的界限，事无巨细地操心势必事无巨细地控制，无论买房装修，还是孩子上学，这都是需要家里人共同参与、共同商量来完成的。但是，在欧雅的家里，似乎她可以全权做主。是的，她付出了时间、精力，但是剥夺了别人做决定的权利。老公和儿子似乎站到了统一战线和她对着干，这无疑是在维护和争取自己的权利啊。

付出型女人背后的关系隐患

表面上付出，实际上，她们却在用或主动或被动的控制以及忽视的方式对待家人，这也是付出型女人在亲密关系中经常"得不偿失"的重要原因。那么，究竟是怎样的力量驱使她们这样做的呢？

实际上，自从结婚后，小琴就感觉生活上诸事不顺，先是桐乐不到两岁的时候得了气管炎，于是三天两头跑医院，看着孩子难受哭泣，小琴心里别提多难受了。虽然大夫说只要按时吃药打针，慢慢会好的，可是，小琴就是无法抑制自己内心的担心和焦虑，时不时就和老公确认，孩子到底会不会好，大夫的话是什么意思，还总是责怪老公带孩子不够精心。两人为了这件事，感情上不免受到伤害。

终于，孩子的身体慢慢恢复，可是，老公的工作发展却遭遇了瓶颈，由于人事上的纠纷，老公一气之下辞了职。接下来的几年里，他开过公司，也打过工，但始终没有找到适合自己的位置，而家庭的经济状况也因此每况愈下。这对于小琴来讲，无疑是巨大的压力，而对老公的指责和抱怨也成为他们生活中的常态。可是无休止的指责，除了让小琴和老公的心理距离越来越远之外，似乎也没起到任何作用。

于是，小琴把所有的期望都寄托在了儿子的身上，她努力工作，勤俭节约，就是为了给儿子创造好的学习环境，让儿子能争口气。当然，这背后也隐含了一层意思，就是别像你爸爸一样没出息。

张海音认为，像小琴对待儿子的这种方式，实际上是在用"付出""奉献"的方式来防御内心的无助与抑郁感。看起来,她用让孩子感到"内疚"的方式掌控了孩子,让孩子按照她所期待的方向去努力,而实际上,这背后是她对于整个生活的"失控感"。从儿子小时候生病这件事情中不难看出,小琴心理承受压力的能力是比较弱的。那么,在老公事业不顺的情况下,她更是感觉对整个生活失控了。失控的时候就需要找到一个锚点,让自己产生控制感,这样她才会觉得安全。于是,在家庭中比较弱小,又容易听话的孩子便成为这样的女性控制的对象。

小冉的老公出轨前,其实还是很爱她的。记得孩子还小的时候,老公知道她在家辛苦,经常买各种她喜欢的光碟,常常趁着孩子睡着了,两人拆一包瓜子儿,边吃边看光碟。随着孩子渐渐长大,老公的工作越来越忙,虽然没时间像以前一样浪漫,但他还是喜欢把工作中遇到的事情和小冉念叨。可是,说不了几句,小冉就会忽然想起家里的垃圾袋快没了,或者是明天要约邻居逛超市。每当此时,老公都觉得非常沮丧。还有一次,公司年会可以带家属,老公兴致勃勃要带小冉参加,可是,小冉却表现得没什么兴趣,犹豫半天还是没有去,让老公很失望。久而久之,老公也就懒得再和小冉说心里话了。

难道小冉是一个天生对洗衣、做饭、逛菜市场极为感兴趣而无暇顾及其他的人吗?显然不是。实际上,小冉对老公的忽视,隐含着对于这几年来她和老公之间在思想意识和见识方面存在的差距。毕竟做了全职太太这么多年，再想回归职场没那么容易，弥补这些差距似乎也不是那么简单。所以，小冉无意识中选择了不去面对，在她的内心世界中，不面对似乎就不存在了。而直到老公出轨的事实摆在面前，她才不得不去面对。

贤妻良母型的欧雅和老公原本挺匹配的，一个爱操心，另一个挺听话。可是，在这个过程中，欧雅除了操心，还常常把指责和批评挂在嘴边。比如，她买房装修干了不少事，不考虑老公的意见也就算了，每次干完还会甩上一句："你要是有本事，用得着我这么操心吗？"再比如，老公做了饭洗了碗，按说挺好的，可是，她总会发现老公买的盐不是她要的牌子，碗柜里的碗放的位置不对。

对待儿子也是一样，欧雅为儿子做了美味早餐，可是一边做一边说："你这个小没良心的，天天伺候你还不听话。"一来二去，老公和儿子都受不了欧雅的高压控制，不合起伙来反抗才怪。

付出型女人如何走出关系的魔咒

1. 将视野暂时从家庭中移开

既然付出总是得不到回报，甚至得不偿失，付出型女人不妨暂时将视野从家庭中移开，投入更广阔的世界中。经过和心理咨询师一段时间的咨询，小冉的思维方式发生了一些转变。她逐渐意识到，之所以遭遇了婚姻危机，本质上是她在将全部精力投入家庭的同时，也失去了自我。

心理咨询师让小冉回忆在她的人生经历中，有什么事情是让她感到非常幸福和美好的。当小冉静下心来仔细回忆，慢慢地，往事逐渐浮上脑际……其实她还是蛮有艺术天分的，小时候最快乐的一件事情，莫过于周末的时候一个人在家，拿起画笔把心中幻想的童话世界画出来。工作以后，小冉表现一直不错，如果不是为了孩子，老板是想提拔小冉做艺术总监的……慢慢地，一种久违的对于成就的向往与对于未来的希望感浮上心头。这个感觉与婚姻家庭无关，只与自己有关。

于是，在心理咨询师的支持下，小冉决定把她和老公的问题先放一放，尝试着做一些自己喜欢的事情。

小冉给自己报了一个绘画班，每天早上去上课，下午去做美容、运动或是找朋友喝茶聊天。除了必要的家务，小冉把时间都还给了自己。两个月的时间不到，在小冉的身上就发生了一些变化，她的皮肤更有光泽，衣服也比以前光鲜，举手投足间曾经的优雅干练又流露了出来。此时，小冉也发现，老公对她开始好奇，主动和小冉找话题。虽然心里的坎儿不是一时半会儿能过去的，但是，不难看出，小冉的生活以及婚姻都会因她的改变而改变。

2．正视自己的需要并合理表达

付出型女人在亲密关系中，应该尝试着说出自己的感受，表达自己的需要，而不是以一种变形的方式去表达。

儿子中考失利给了小琴极大的打击，这也让她一直以来紧绷的神经达到了极致。她好像再也没有力气像个女强人一样付出，整个人像泄了气的皮球。"其实我很无助，很需要别人的支持。"这是小琴发自内心的话。

实际上，在现实生活中，付出型女人就是要学会觉察自己内在的需要是什么，然后把这种需要以不带指责抱怨的方式表达给对方。虽然小琴的家庭关系以及孩子的成长何去何从并没有定论，但是，当她表达了真实需要的时候，老公更愿意给妻子更多的关爱，也更会多一些担当。

3．走近家人内心，真正关注家人的需要

理解和关注别人内在真正的需要，并在这个层面上和别人去做连接，这是很多付出型女人需要修炼的功课。小琴的丈夫说，如果他的妻子能够多给他一些体谅和支持，也许他的事业发展会比现在顺利得多。在他最艰苦最困难的时候，不但得不到鼓励，还要接受妻子无休止的指责，这无形中耗费了他很多的能量。而如果小琴可以关注到，实际上小孩子是需要放松，需要玩耍，需要在兴趣中学习的，儿子也不至于到了关键时刻紧张掉了链子。

如果可以意识到这些,建议付出型女人不妨多和家人沟通,以开放的心态听一听别人心里都在想什么,自己又该如何做。只有这样,心与心的距离才能越来越近,家庭关系才能越来越好。

结语:家庭关系没有完美的,大多数时候,是在一个彼此协调平衡的过程中往前推进。但是,如果这个过程彼此之间是忽视、控制、压抑、指责的关系,那么,总会因某个契机而出问题。从另外一个角度看,出现问题也是一件好事,说明关系的平衡被打破,同时也要求家庭成员之间做出改变,在一个新的层面上建立新的、更高级的平衡。

4

采访人：**付洋**

采访对象：**郑立峰**，家庭系统排列导师，组织系统排列导师，南澳大学企业管理博士（DBA），香港城市大学文学硕士（MA），北京大学法学学士，香港中文大学工商管理学士（BBA），美国NLP大学和NLP学会身心语言程序学认可导师，著有《家庭系统排列》。

观点：爱是一颗种子，我们要为它准备一块好土壤，它才能发芽结果。好土壤，就是一个整体、平衡、秩序的家庭系统。

爱是一场成年人与成年人的风花雪月

为什么你付出那么多，对方却不感恩？怎么才能让父母不过度干涉你的婚姻？在 2017 年 1 月出版的新书《家庭系统排列》中，郑立峰给热锅上的中国家庭提供了一种新的选择。

郑立峰说："家庭系统排列大师海灵格说，爱只是一颗种子，并不能改变土壤。因为如果土壤的品质不好，你的爱就很难发芽结果。我理解的好土壤，就是一个整体、平衡、秩序的家庭系统。"

性和孩子，让夫妻成为一个整体

郑立峰说，整体是男人和女人之间形成的联结，是维系夫妻关系的黏合剂。如果没有整体性，就谈不上有婚姻关系。判断婚姻是否有整体性，有两个重要的条件：一是性关系；二是孩子。从生命层次来讲，性关系的重要在于这是人类长久以来所知道唯一创造新生命、开枝散叶的方法。从生活层面来讲，美满的夫妻关系，离不开性生活的和谐；这也是男女关系、夫妻关系跟父母及兄弟姐妹关系、亲子关系、朋友关系最核心的区别。

和谐的性关系，能够让夫妻之间的联结更深，爱意满满。相反，不和谐的性关系，则会对婚姻产生很大的杀伤力。郑立峰有一位朋友，她和先生彼此相爱。但是，由于受过性创伤，每次和先生做爱，她总是一点儿感觉都没有，好像完成任务一样勉强。发展到后来，她无法和先生发生性关系，只能一次又一次地拒绝。长期欲求不满、自尊受伤的先生非常恼火，两人离婚了。这位朋友对郑立峰说："我这么爱他，却把他伤成这样。"

郑立峰说，当女性有性创伤时，会把自己身体的某些部分完全地封闭掉。就好像把自己塞进一个冰箱里，让整个人冻僵、冻硬。所以，处理性创伤需要进行创伤解冻的工作，让她恢复到一个正常状态。

所以这位朋友的治疗需要从身体入手，通过本体感觉疗法让她接受自己的身体，接受自己是一个完整的女性；需要从关系入手，通过家庭系统排列，让她的夫妻关系更加平衡；需要催眠疗法，完成身体和心灵的沟通……这是一个非常复杂的治疗过程，建议有性创伤的女性勇敢地面对问题，接受系统的治疗，不要像那位朋友那样，因为恐惧和回避，错过了一个深爱自己的男人。

我们现在已经认识到，孩子出生后，很多妻子会把注意力放在孩子身上，忽视了丈夫的生理需要，导致他向外发泄。郑立峰却注意到，产后夫妻的性问题，不光是因为妻子的忽视和疲累，还可能和剖宫产有关。

目前，有相当多的女性选择剖宫产，手术后刀口的疼痛，让她们坐月子时非常辛苦。再加上夜晚喂奶，得不到足够的休息，伤口恢复得很慢，疼痛难眠。如果连续一个月睡不好觉，就会出现产后抑郁的症状，情绪不稳定，看事物都是扭曲的。另外，剖宫产是横着切的，当产妇特别疼痛时，会下意识地把疼痛的身体部分封闭掉，导致上身和下体的感觉失去联结。所以，很多做过剖宫产的女性对郑立峰说："我生完孩子之后，对性就没有感觉和需求了。"郑立峰做了很多个案，是帮助女性处理这种产后的症状。

这时女性特别需要丈夫的理解和支持。产妇要学习把自己的感受讲给丈夫听，不然的话，他一般是不知道妻子痛苦的。妻子坐月子的时候，丈夫与其变着花样给她煲汤喝，不如安安静静地陪伴和聆听，让她感觉自己是被理解和支持的。

性关系之所以如此重要，不仅因为它能够满足夫妻双方的生理需要，增进亲密感，还因为它可以创造新的生命——孩子。孩子的出生，会让夫妻拥有一生的情感联结。夫妻会用十几年的时间共同养育和照顾孩子，再用几十年的时间去一起思念他、等待他、迎接他。可以说，孩子是夫妻之间最强大的联结。

随着思想的开放和生活方式的多元化，有些夫妻选择不要孩子。但是，据郑立峰所知，很多丁克夫妻往往到50岁左右开始后悔，可是那时想要孩子已经迟了。郑立峰建议，没有孩子的夫妻如果想要让婚姻更稳定，最好去寻找一个孩子的替代品。比如，拥有一份共同的事业，然后把对孩子的爱全部投入到这份事业之中。另外，对于不能生育的夫妻来说，领养孩子也是一个很好的选择。

性和孩子，能够让夫妻成为一个整体，让婚姻更加稳定。但是，如果想要拥有一个幸福的婚姻，平衡和秩序缺一不可。

付出和接受不平衡，只会培养出"陈世美"

平衡，是指夫妻双方都愿意给予对方爱、性、尊重、信任、支持等，同时也能接受对方给予的这些。

有一次郑立峰接待了一位女士。她对丈夫满腹怨气，抱怨他每天在家不干活儿，只是赚点儿钱回家，简直一无是处。而她为他付出那么多，他却不感恩。郑立峰问她："你对丈夫付出了什么？"她马上理直气壮地回答："做饭、洗衣服、带孩子！"

"你知道丈夫想什么吗？""不知道。"

"你看得起他吗？""看不起。"

"你喜欢他碰你身体吗？""不喜欢。"

"你们之间怎么在一起的？""凑合，父母介绍的。"

"你爱他吗？""不爱。"

"你想要的男人，是你的丈夫吗？""不是，我想要的男人是我的初恋。"

"你现在想要什么？""我想要一个幸福的婚姻。"

郑立峰认为，家务活儿和财务确实很重要，但它不是影响婚姻平衡的关键。因为衣服可以送去洗衣店洗，吃饭可以叫外卖，孩子可以请保姆或者让老人帮忙照顾，财务可以请专业人士来打理。

让夫妻产生矛盾的往往不是家务活儿和财务本身，而是自己对家庭付出的这份爱，没有得到伴侣的认可。小夫妻建立新家庭后，往往会继承各自父母对家庭的态度。如果女孩的妈妈从小向她投诉"你爸爸在家整天不干活儿，没有责任心"，女孩一看见丈夫不做家务就会发火；如果男孩的爸爸从小对他说，"你妈啥也不懂，就会在家里做些小屁事"，那么男孩结婚后，妻子就算干了再多活儿，在他眼里也是一文不值。

事实上，赚钱养家和做家务都很重要。如果没人养家，能活得了吗？如果没人做家务，能活得好吗？就好像一个是龙骨，一个是甲板。没有甲板，船会漏水下沉；没有龙骨，船走不动，扛不过风风雨雨。所以，只要能够认可彼此对家庭的贡献，夫妻矛盾是可以解决的。这份认可，背后是爱、尊重、信任和支持。而这些东西是不能外包的，只有夫妻二人才可以付出和接受，没有对方不行。

付出和接受一定要平衡，不能一方总是付出，另一方总是接受。举个最简单的例子，妻子生日那天，丈夫送给她一束花。妻子很感动，结婚好几年了，他还能记得我的生日，多不容易啊！于是提议一起出去吃饭，而且去吃了丈夫最爱的羊蝎子。丈夫感受到自己的心意被妻子接受，心里很开心，对她更加温柔体贴，夫妻俩度过了一个美好的夜晚。我付出，你接受；你接受后进一步付出，我再接受……如果付出和接受能在交替进行中良性循环，人们在婚姻中的幸福感就会越来越高。

但是，付出是有界限的，如果盲目地付出，只会把男人培养成"陈世美"。郑立峰建议，女人不要给丈夫提供受教育的机会。比如，丈夫想要出国深造，妻子努力赚钱供他读书，通常这样的婚姻下场都不太好。因为，受教育的机会原本应该是父母给他的，而不是由伴侣来提供。当丈夫接受妻子这种付出之后，他就会产生内疚："老婆对我这么好，比我父母还要好，我将来要怎么还？"这种还不起的感觉，会让他承受不了，最后选择离开。

女人也不要让丈夫进入她的公司，或者给他事业上的帮助。因为男人是天生的狩猎者，占地盘是他的天性。当他进入妻子公司之后，第一件事就是先把原来的格局毁掉占地盘。而面对妻子给予的经济或事业上的帮助，男人不会领情，反而觉得那是在否定自己的能力，最后真的变成"陈世美"。所以，聪明的女人只会在精神上支持男人，尊重他的事业，这样已经足够。

如果夫妻之间的付出与接受失衡，很容易会出现"小三儿"。

但是，女人千万别觉得把老公让给"小三儿"，成全他们的爱，是一种伟大的付出。根据郑立峰的研究，出轨的人离婚后与第三者建立的婚姻，失败率高达90%。第三者在新建立的婚姻中，会做出很多自我摧毁的行为，比如把自己辛苦抢来的男人抛弃、堕胎、乱投资、赌博、酗酒……根本原因是，每个人的心灵都承受不了，自己的幸福是建筑在他人痛苦之上的。

第三者让另一个女人失去了家庭，这属于一种伤害性的行为，是必须要还债的。打个比方，如果我给你100万元，你一定感觉开心。可如果知道因为给你100万元，很多人因此饿死了，那么你还会开心吗？难受之后就会在潜意识里寻求平衡，比如把自己收到的钱丢掉；伤害了别人，就一定要让自己受到伤害。

郑立峰说："哪怕是从系统平衡的角度，我们也要努力学习和成长，满足伴侣生理、心理和精神方面的需要。"

重建秩序，让每个人待在自己的位置上

在家庭系统排列的理论里，每个人都要按照自己的身份去行事，父母要以父母的身份行事，夫妻要以夫妻的身份行事，孩子要以孩子的身份行事，每个人都待在自己的位置上，才能各司其职，家庭关系才能够和谐美满。

一个正常有序的婚姻，需要男人是男人，女人是女人，双方都愿意成长，以成年人对成年人的状态相处。然而现实是，很多婚姻都不是夫妻关系，而是亲子关系，把伴侣当成父母的替代品。比如，丈夫把妻子当成母亲一样依赖和索取，或者当成女儿一样宠爱和控制；妻子把丈夫当成父亲一样崇拜和顺从，或者当成儿子一样教育和改造。如果，男人在婚姻中找不到"女人"的角色，那么，他可能就会找"小三儿"；女人在婚姻中找不到"男人"的角色，可能就会去拜会"隔壁老王"。

这种男人不是男人、女人不是女人的失序婚姻，即使表面上看很幸福，也存在很大的危机。因为人的心智是不断成长的，做"小孩"的时间久了，也会想做"青少年"，像青春期孩子一样反抗权威，挑战现有的秩序。有些伴侣还会因为接触心理学自我成长，想要成为一个独立的"大人"。而成长是一条不归路，你回不去的。只能向前走，走过青春期，再走到成人期，和另一个成人在一起。

郑立峰曾经接待过一位40多岁的女士。她从小是一个乖乖女，和父亲的感情很亲密。她13岁时，父亲不幸去世，她的心理年龄也停在了13岁。虽然事业有成，但是在亲密关系中，她就像一个无助的小女孩。她把丈夫当成爸爸，无论做什么事情，她都要先和丈夫说一下，得到他的批准之后，自己才会去做；丈夫做的任何决定，她从不反抗。但是最近，她参加了一次家庭系统排列工作坊活动，老师帮助她处理了积压在心底的悲伤，和父亲做了告别。回到家后，她不再对丈夫百依百顺，开始反抗他的权威。因为她的自我成长,夫妻关系产生了剧烈的改变,出现了婚姻危机。

在郑立峰的帮助下,这位女士鼓起勇气对丈夫说:"以前我们过得很幸福,让我们以后也同样幸福吧。现在,你不用再那么累了,你只要做我的丈夫就好,而我要做你的女人!"夫妻俩渐渐地重建了婚姻秩序,分别回到自己的位置上,彼此尊重,互相支持,婚姻变得更加健康和平衡。

郑立峰说,他接触到的很多离婚个案,不是因为两个人没有爱,不是因为没有性,而是因为一个人已经成长了,另一个人却还在以前的状态里,两个人的距离越来越远,这种现象让人很遗憾。所以,他希望婚姻中的每个人,都能做一个愿意成长的成年人。

还有一个典型的失序错位现象,是父母过度插手孩子的婚姻。郑立峰认为,所谓"结婚是两个家庭的事情",是指夫妻俩都带着自己从原生家庭那里继承的世界观、价值观、生活模式和习惯模式。但是,归根结底,结婚是两个人的事情。这方面可以借鉴欧洲国家的发展经验。200年前,欧洲的老人需要孩子养老,会干涉子女的生活。但是,当社会福利达到一定程度后,父母不再需要孩子养老,对于孩子的控制力也随之减少。孩子可以自由地去自己要去的地方,按照自己想要的方式生活。父母和孩子之间的相互依赖被消融掉了,取而代之的是更轻松的关系,有空儿的时候,双方一起出来喝茶聊天,散步游玩。而这也是中国社会未来发展的方向。

夫妻关系是所有家庭关系的核心，必须要优于原生家庭和亲子关系。如果父母越界，其实也是有绝招的。郑立峰讲了一个故事，有一对夫妻结婚后，双方父母不断插手他们的婚姻。催眠大师艾瑞克森教给他们一个办法。岳父过来，丈夫对他说："爸爸，我们的厕所没有清洁好，请帮我清洁一下。"然后，夫妻俩看电视。婆婆过来，妻子对她说："妈妈，我们的孩子没有带好，麻烦你带一带。"然后，夫妻俩看电视。总之，不管父母怎么忙，怎么累，他们都在看电视。直到有一天，双方父母受不了，对他们喊道："你们该长大了，自己要做自己的事情！"之后，就彻底放手不管了。

但是同时，我们必须看到，中国的父母对孩子是真的不放心，因为中国的夫妻往往都是没长大的孩子。如果让父母看到他在婚姻中作为成年人的状态，能够付出，能够接受，能够承担，能够包容……那么，父母自然会渐渐放手。所以，只有夫妻俩是站在成年的男人和女人的位置，父母才会放心地退回到父母的位置。

夫妻因为爱而结合，形成一个有联结的整体；彼此给予和接受对方的爱，保持关系平衡；主动成长，以成年人的状态站在属于自己的位置上，建立一个健康的家庭秩序……只有给爱准备一块好土壤，爱才能够在婚姻中自然地流动和成长，而不是在琐碎的矛盾中渐渐消亡。

5

采访人：**付洋**

采访对象：**李明**，北京中医药大学博士，中国社会科学院博士后，耶鲁大学访问学者。任教于北京林业大学心理系，兼任北京中医药大学客座教授、中央国家机关职工心理健康服务中心督导、中国社会心理学会生态与环境分委会副秘书长。已出版《叙事心理治疗》、《叙事疗法工作地图》（麦克·怀特著，李明译）等专著、译著。

观点：婚姻是一个心理成长的道场，我们要了解彼此的生命故事，各自修炼一颗主动维护的心。

婚姻是一个心理成长的道场

当众多心理流派聚焦如何解决"问题"时，却有一个心理流派把注意力都放在"人"的身上，通过让每个人讲出自己的生命故事，来看到自己的不容易，看到自己可以有更多的选择，从而做自己生活的主人，活出自己的承诺，这就是叙事疗法。16 年来，李明博士一直致力于叙事心理治疗的研究和推广。那么，从叙事的角度，我们要如何走出困境，更好地经营婚姻呢？

以一个"人"的方式，对待你的伴侣

李明说，婚姻是一个心理成长的道场，它首先考验的是我们能不能以一个"人"的方式去对待伴侣。"人"的方式，意思是放下社会话语中对"性别""角色"等的要求和限制，把伴侣当成一个活生生的人来包容和理解。

恋爱时，我们是去"选"对象，不满意就分手。但是，结婚的仪式感会让我们认为，自己和伴侣是一体的，迫切地想要改造对方。所以，权力争夺已经成为中国婚姻中的主要矛盾。很多夫妻吵架,都会说类似这样的话:"你作为一个太太,难道不应该做家务吗?""你作为一个男人,难道不应该上进吗?"言下之意,你是谁我不管,反正只要和我结婚,你就必须符合我对"先生(男人)/太太(女人)"的要求。从心理学的角度讲,这就是一种吞噬。而当你侵犯伴侣的边界时,必然会引起对方的防御和攻击。

李明曾经接待过一对夫妻,先生理直气壮地对太太说:"结婚后,女人必须在婆家过年!"太太也很生气:"凭什么啊?我也想回娘家陪父母过年!"因为这个分歧,夫妻俩年年吵架,吵到要离婚的地步。

叙事心理学认为,这些"应该""必须",并不一定是天经地义的"真理"。它们往往有一个产生的过程,会随着情境、年龄、经历等变化而不断地改变,不同的人还可能有不同的理解。所以,可以看看这些观念究竟是怎么产生的,然后去松动、拆解、去除它们的束缚,这样我们就多了一个选择的机会,这个过程就是解构。

李明建议这位女士和先生心平气和地沟通。

第一步是晓之以理,让他看看"女人必须在婆家过年"的观念形成的历史背景是什么。比如,在古代,太太在经济上依附于先生,被认为是婆家的财产,所以"女人在婆家过年"成为社会共识。但是现在,夫妻双方的经济地位是平等的,还能把女人当成是婆家的财产吗?既然社会环境已经改变了,再坚持原来的结论就是有问题的。

第二步是动之以情,先请先生想象一下,如果他不回老家过年,他的父母是一种什么感受?然后,再请他设身处地地想象一下,如果太太不回娘家过年,她的父母又会是一种什么感受?这可以帮助他换位思考,将心比心。

第三步是诱之以利,太太可以承诺,如果先生同意她回娘家过年,他可以拥有什么VIP待遇。

第四步是挟之以威,如果各种方法都不奏效,那么太太可以选择独自回娘家过年,让他自己去承受后果。在李明的帮助下,这位先生僵化的观念终于松动了,答应太太一年去婆家一年回娘家轮换着过年。

李明还接待过一对夫妻。先生出生在乡村,由寡母含辛茹苦地抚养大。结婚后,他坚持要把母亲接到北京同住。太太不计较钱,但不愿意与老人同住在一个屋檐下。刚结婚时,婆婆曾来北京住过两个月,让她很不适应。这个话题根本无法与丈夫沟通,只要一提他就急:"你既然嫁给我,就要和我一起孝顺我妈!如果不和我妈同住,那就是不孝!"

李明问他:"必须和母亲同住,你是从什么时候有这种感觉的?"把根深蒂固的观念命名为"这种感觉",这是叙事中的"外化"技术,帮来访者把"人"和"问题"分开。

这位先生回答说,他们老家都是这样的,从小他听过很多娶了媳妇忘了娘的不孝故事，不孝的具体表现就是把母亲扔在乡下独住。

"你认为娶了媳妇忘了娘是不好的，那在这个故事里，记着妈妈是什么意思呢？""就是对她好，让她舒服、幸福、高兴啊。"

李明接着问："你觉得，妈妈和你们同住的那两个月，她感觉幸福吗？"这位先生一下愣住了，久久思索后才回答："不幸福。"

老太太其实很不适应北京的生活。她说着一口方言，出门买个菜都困难，在这里也没有朋友，儿子和儿媳上班后，在家里闷得慌。老家山清水秀环境好，自己种菜，吃得又健康；北京车多人多很嘈杂，吃得不安全还有雾霾。但是，她害怕儿子不管她，更担心如果自己不来北京"享福"，会让儿子没法做人。对老人来说，这何尝不是一种道德绑架呢？

观念松动后，这位先生不那么坚持了。因为老家距离北京只有4个小时的车程，夫妻俩达成一个约定：每隔两三个月，就回老家看望母亲。他们每次进村都带着满车的礼物，热情地请亲戚和乡邻们吃饭、送礼，感谢他们帮助照顾母亲，这个举动赢得大家的交口称赞。

老太太感觉自己被儿子关注，特别有面子，住着也舒服；儿子和儿媳也很开心，感情更加亲密。最有意思的是，他们的努力还丰富了当地人对"享福"和"孝顺"的理解：原来，能在村里和老伙伴们舒服自在地过日子，也是享福；孩子们能经常回家看看，同样是孝顺。

"当我们正视伴侣是一个活生生的人,不再用尺子去衡量对方,不再把他塑造成自己想要的样子,这个婚姻才是稳定的。"李明如是说。

心怀善意,去寻找伴侣身上的那些担当

在西方神话里有这样一个故事:骑士要娶女巫。女巫每天一半的时间是美女,一半的时间是丑陋的巫婆。女巫让骑士选择:"你是想让我白天做美女,晚上做巫婆;还是白天做巫婆,晚上做美女呢?"

在李明看来,这个故事有着深刻的寓意:我们每个人都是多面的,都是不完美的。但是,我们要了解伴侣的生命故事,心怀善意地去寻找他为了维护婚姻所做的那些担当。

有位太太向李明抱怨:"我先生下班回家就往沙发上一躺,总说自己累,完全不管孩子!"李明问她:"我能理解你心中的愤怒和委屈。但是,你的先生为了维护你们的婚姻,是不是也做了一些担当呢?"在他耐心引导下,这位太太发现,先生虽然不照顾孩子,但是,他工作非常努力,经常加班。而且,他的大部分工资都用来支付孩子的教育费用。但是,她一直对先生在经济方面的担当视而不见,完全不尊重他的付出。

经过一段时间的咨询后,太太的心态发生了很大的变化。她不再抱怨先生,而是在他回家后,热情地打招呼:"你累了一天啦,快来吃饭吧!"真诚地肯定他:"要是没有你的努力工作,咱们家哪能过得这么好?还能让孩子上那么贵的学校?"而且更加体贴:"你已经很辛苦了,不用去带孩子了,歇歇吧!"一段时间后,先生反而来劲儿了,他开始反思自己哪里做得不好,晚上不加班的时候,会主动辅导孩子功课,周末还带孩子去爬山、踢球。

这位女士跑来问李明:"好神奇啊!我没有期待他去带孩子呀,他怎么反而主动去带了呢?"李明告诉她:"因为被你尊重和肯定后,他感觉自己很好,就想让自己做得更好,于是,父性也被激发出来了。如果你不尊重他的担当,他就会用'累'来展示自己为家庭已经做了很多。如果,你对他的累也视而不见,他就会对你进行防御性攻击——我带不了孩子,我已经很累了!你越抱怨他,他就越觉得自己不好,最后破罐子破摔,什么也不做!"

需要特别强调的是,这位女士是在看到先生的担当后,尊重和理解了他,所以,她对先生的心疼和肯定都是真诚的,没有私心。如果抱着"我对你甜言蜜语,你去给我带孩子做家务"的心态去和伴侣说这些话,那么,伴侣会清楚地感觉到,这是一场交易。他的感受肯定不会好,主动性也不会被激发出来。同样的事情,如果抱着不同的心态来做,结果是完全不同的。

很多男人也是如此,太太回家后累得一动都不想动,他却觉得她哪有那么累，还要求太太去做饭、照顾孩子，搞得夫妻关系紧张。除了"太太（女人）就应该做家务"的刻板认知之外，也可能是因为不了解导致的。有的公司很聪明，会邀请家属来观看员工的工作状态。比如，国内有一家酒店，每年都会组织一次联谊会，邀请家属观看员工的工作录像。看了之后，家属们都是既感动，又心疼："我老公工作的时候真帅，但是，他这样站一天真的好辛苦！""我都不知道太太工作这么辛苦，要端这么多盘子和碗！堆得跟小山似的！"还有些人虽然不做体力活儿，但是要处理复杂的人际关系，心会非常累。所以，我们真的要对他们多一些理解。

有的人为婚姻所做的担当，可能隐藏得很深，更容易被伴侣误解。有一对夫妻找到李明，太太生气地说："李老师，我要离婚！我们一有矛盾，他就摔门而去。他连吵架都懒得跟我吵，你说这日子我怎么过？"先生数次欲言又止。在李明的鼓励下，他才磕磕巴巴地说："我不是懒得理她，我是怕伤到她啊！"

这位先生讲了一个故事，把太太感动坏了。原来，他的父亲有家庭暴力，夫妻一吵架，就会动手打人，有一次甚至把玻璃灯罩摔碎，扔到他的母亲身上。母亲被碎玻璃扎得遍体鳞伤，浑身是血，这一幕让他的精神受到很大刺激。当他结婚后，发现太太说话的语气和唠叨的内容很像母亲时，他的手就不由自主地发抖，想要抓一件东西冲她扔过去！所以，他拼命地用手掐自己的大腿，迅速离开。因为太紧张,关门的力气总是很大。他的"摔门而去"不是伤害太太,而是为了保护太太。

李明问:"除了在这个场合下,你为了不伤害别人去难为自己,以前还在别的地方有过这样的做法吗?"这是叙事中的改写技术,目的是从例外事件出发,帮助来访者重新建构自己的生活故事。

这位先生回忆说:"我在单位里也这样,有时候宁肯自己吃亏,也不去伤害别人。因为,我从小就给自己一个承诺:绝对不做像爸爸那样的人……"

为此,他压抑自己的愤怒。但是,当他用叙事的方法说出来之后,他的所有压抑都有了一份正向的意义:虽然很难,但是我的所有付出都是有意义的,这是我的承诺,这是我的主动选择,这是我的担当。

在叙事里,"痛"有时候不一定要哭,"创"有时候不一定会伤。比如,这位先生把自己掐得满腿青紫,就是他担当的证据。意识到这一点后,他找回了自己的力量,慢慢地活出了一个和父亲不一样的人生。而太太对先生也更加理解,彼此的爱达到了一个新的境界。

在婚姻中,每个人多多少少都在担当一些东西。这些担当,可能会让伴侣看上去暴躁、愤怒,甚至以某种症状来呈现。但是,它们的背后很可能是一种好意——我希望婚姻可以延续,我希望可以和你白头偕老,否则早就一拍两散了。所以,我们要心怀善意,尽可能去寻找对方为了维护婚姻所做的那些担当，而不是老想着、看着伴侣暂时没做到的地方。

婚姻是一个道场，我们要各自修炼主动维护的心

除了寻找伴侣为婚姻维护所做的那些担当外，李明认为，我们自己也要对自己的承诺更有担当，修炼出一颗主动维护婚姻的心。主动维护的心，具体来说，就是开放、觉察和参与的心态。

开放，是把婚姻当成一条缓缓流动的长河，期待两岸各种风景的变化。很多人都对婚姻有一种刻板印象，觉得婚姻必须是什么样子的。

比如，有的人认为，婚姻就应该永远保持激情的状态。事实上，没有任何婚姻能够永远保持激情的状态。婚姻可以有激情、爱情、友情、亲情的不同形态和阶段。花前月下、卿卿我我的甜蜜很美；执子之手，与子偕老的相伴也动人。

有的人对婚姻的期待特别高，觉得别人的婚姻才幸福，自己的婚姻是一地鸡毛。如果了解别人的故事就会发现，每段婚姻的背后，都有一把辛酸泪，正所谓家家有本难念的经。如果我们能够保持一种开放的心态，允许婚姻中存在各种形态和变化，才可能享受婚姻，发现出乎意料的美好。

觉察，是把心放在婚姻上，觉察婚姻是不是已经发生变化，在往哪个方向变。

比如，你们是不是说话越来越少？他的经济状况、人际关系是不是有变化？他最近是不是不高兴？很多人忙着孩子和工作，心没在婚姻上，自然觉察不到婚姻的变化。有的人觉察到了，但是没有放在心上。比如，有的太太在先生出轨后做咨询，可以把他的变化过程一点点地全说出来。但是，她却没有采取任何行动，因为她没把对方的变化当回事儿。

李明建议，除非不想要这个人了，否则一旦觉察到婚姻的变化，就要立刻采取行动，防微杜渐。如果彼此的话越来越少，可以问问伴侣成长经历中快乐的事情。问的时候，要学会问细节：表情、人物、时间、地点、天气、场景、感受等。他感到高兴的事情，你越问他越高兴，沟通的渠道就打开了。如果太太能够不厌其烦地问先生感到高兴、幸福或者有荣耀感的事情，那么先生一定会爱死太太了！

再比如，有的先生应付太太，太太问他喜欢什么颜色的衬衫，他回答"随便"。太太这时候就会很愤怒："随便是什么意思啊？你还能不能好好说话？"然后，引发一场冲突。其实，太太可以给他举反例："行，那我给你买一件粉色的衬衫吧！这是你定的，你要负责哦！"讨厌粉色的先生就会马上反驳："不行不行！""那你要什么颜色？""蓝色好啦！"就像逗小孩一样，多一些耐心和策略，夫妻的互动就有了。

参与，是共同参与，夫妻一起做，一起想。不是必须发展共同爱好，很多女人就是不喜欢陪先生看球，一看就困；很多男人就是不喜欢陪太太逛街，一逛就头疼，强扭的瓜不甜。

最好的共同参与方式，是夫妻一起做家务。你做饭，我择菜；你拖地，我擦桌子，顺便一起聊聊天。也可以一起做家庭决策，比如买房。哪怕暂时没钱买，夫妻俩也可以一起琢磨，房子在哪里买，买多大的，怎么装修，怎么布置……这是对未来的共同畅想，一起想得多了，心就在一起了。另外，最好多一些夫妻独处时光，聊一些只有两个人知道的私密话题，有一点儿互相逗着玩儿的游戏精神。这样，夫妻之间的交流多了，感情更亲密。否则，夫妻做久了，就容易变成同学。

如果，我们能够以一个"人"的方式去对待伴侣，彼此会多一些包容，少一些冲突；如果，我们能够看到伴侣身上的那些担当，就会对他多一些尊重和理解，少一些抱怨和指责；如果，我们能够各自修炼出一颗主动维护的心，那么，我们的婚姻会在岁月的长河里永葆青春，生机勃勃。

6

采访人：**李彦**

采访对象：**张怡筠**，她是电视上最火的心理专家之一，用乐观的心和专业的学识帮助人们分析情感难题；她是畅销书作家，其《幸福其实很简单》《爱情其实很简单》等书创下了不俗的销量；她还是一个拥有21年幸福婚姻的女人。

观点：面对21年的幸福婚姻，张怡筠却真诚地说："厉害的不是我，而是心理学。心理学让我找到了一个好老公，也让我学会经营幸福。"

用心理学玩转婚姻的幸福魔方

爱情如何稳赢不输

失恋、离婚往往是爱情带给女人最大的困扰。很多女人哭着说:"我输了,我是失败者。"有没有一种可能,让人在爱情中稳赢不输?张怡筠说,当然可能。如果你把爱情的两大心理任务完成了,那么即使婚姻失败也没有太大的损失,因为你将收获一个很棒的自己。

爱情的第一大任务是认识自己。借着和另一半的亲密互动,我们才能看到真实的自己:原来我很讨厌别人管我,原来我有些小心眼……一来二去,我们对自己的认识增加,心灵也就得到了成长。

谈起自己在婚姻中如何完成这个任务,张怡筠笑着说,她的运气不错,丈夫李康文性格成熟,而且情商很高,让她学到了不少东西,对自己也了解更多。

不久前,张怡筠和李康文准备买房子。有个房屋中介介绍了一套非常好的房子给他们,价钱比市价还便宜20%。两个人看了房子后,都很心动。不过,房子的价钱之所以便宜,是因为它后面的操作模式有很高的风险。律师告诉他们,是否会出问题就得看运气了。

李康文想了想，觉得他们承担不起这个风险，于是决定不买了。

但张怡筠实在太喜欢这套房子了，接下来的一个月，她心里都还惦记着。于是她问老公，要不要给中介打电话问问房子的情况。李康文一脸惊讶："你还想着那个房子啊？我们决定不买时，我就已经把它放下了。"张怡筠不死心，说："你问问看啊，如果没卖掉，我们是不是再想想？"李康文说："你真的要问吗？我们已经不买了，这事跟我们有什么关系？"

张怡筠一听，心想，对啊，这事跟我们有什么关系？我已经决定不买了，干吗在乎它卖掉没？通过这件事，她看到了自己的一个弱点：对很多事情，放手的能力没有这么强。

爱情的第二大任务是培养爱人的能力。这个任务也很重要，因为我们生下来一直是被爱的角色，爸爸妈妈爱我们，所以我们最会的就是被爱，只有经过两性互动，才能意识到如何爱别人。

爱人的能力，张怡筠认为是妥协和尊重。她一直奉行一条原则，那就是丈夫是一个和自己不一样的个体，他有他的想法，这些想法和自己的想法一样重要，要尊重他。在台湾，非常多的媒体想去拍张怡筠家。张怡筠问丈夫："你介意吗？"丈夫说："我介意。"张怡筠马上告诉媒体，这个要求不行。在生活习惯上亦如此。张怡筠喜欢早睡早起，李康文习惯晚睡晚起。一开始，张怡筠会很强硬地要求他"我睡觉了，你快来睡觉；我起床了，你快起床"，后来她发现，彼此的生理时钟很不一样，也就没再勉强。

当然，并不是所有的事情都能这么"和平"地解决。结婚后，李康文天天忙于工作，没空理会张怡筠。有一天，她终于爆发了，把老公的书房砸了个稀巴烂。李康文回到家一看，傻眼了，第一反应就是要找妻子算账。但这时张怡筠已经睡觉了。冷静下来后，李康文想明白了，妻子这么做是在表达不满。第二天，他向张怡筠道歉，并花更多的时间陪伴她。

这件事对李康文的触动很大，因为张怡筠很少发火。从这以后，他更加懂得如何关照妻子的需要。和大部分女人一样，张怡筠会说一些婆婆妈妈的事。一般男人觉得这样很无聊，根本没在听，但李康文会很专心地听她讲。有时张怡筠录完节目回家，一边卸妆一边说，今天有个女人来上节目，她怎样怎样。讲着讲着，张怡筠就发觉，干吗把这个故事讲给他听？浪费他的时间，他也不会感兴趣，所以她就不说了。这时，李康文会突然抬起头来，问："后来那个女士怎么样了？"张怡筠顿时笑到爆，然后接着讲这个故事。

张怡筠知道，其实李康文根本不关心这个故事，他之所以会听，是因为讲故事的人是张怡筠，他在乎她的感受。这种爱的方式，可不是所有男人都做得到的。

别为他过去的80%埋单

在感情中，当对方做了一些让我们很生气的事时，很多人都会认为：你是冲着我来的，你根本就不爱我。事实的真相却是，那些令人不愉快的行为，有近80%源于过去的生活经验，20%关乎现在的感情关系，这就是爱情的80/20法则。同样，我们和爱人相处的模式以及情绪的表达，其中的80%是受到原生家庭的影响。

张怡筠对于婚姻的理解就源自父母的"身教"。张爸爸是医生，工作非常忙，甚至半夜要起来开刀。因为行程很紧张，张爸爸的脾气十分急。有时他会对张妈妈发火："怎么搞的，这个东西还没弄好？"这时，张妈妈的表情一定是非常谦卑，嘴里说着诸如"好好好、别生气、真不好意思老爷子"等顺从的话，不断地哄丈夫。同样地，张妈妈也很有个性，每当她说："这事就这样了，我定了！"张爸爸马上也会换一种低姿态，说："对对对，妈妈在家里最大，妈妈最厉害。"

张怡筠从父母身上学会了这种相处模式，即一个人有情绪时，另一个人马上就收敛，去妥协。李康文是个很少发脾气的人，如果有一天，他非常坚持某件事，张怡筠一定会说："好好好，没问题，消消气，我帮你做件什么事吧。"张怡筠说，每个人都会有自己很在乎的事，如果丈夫非常坚持，那么说明他对这件事很看重，所以她会选择妥协。实际上，李康文对妻子的包容要更多，一旦张怡筠说："我不管了，就这么做吧，没时间讨论了。"李康文会说："你确定好了就这么做吧。"

这样的处理方式，使两个人同时发脾气的情况很少出现。张怡筠说："我一直觉得婚姻像跳探戈，我进的时候你要退，你进的时候我要退，婚姻才能进行下去。"

和张怡筠相比，李康文的家庭条件没这么好。这样的成长经历使他性格比较成熟，而且很会照顾人。但是，这种成长环境，也会让他做一些在张怡筠看来很古怪的事。

李康文的鼻子经常过敏，每次他擤鼻涕后，会把用过的纸巾折得整整齐齐放在一边，有时还重复使用。张怡筠让他扔掉，他会说："不要碰我的餐巾纸，我要放在这里。"于是，家里经常出现一沓沓用过的纸巾。这样的情景可不算好看，张怡筠说得多了，丈夫还是不改，她就有些想发飙。但她转而一想，丈夫的动作太奇怪了，自己先别发火，先问问他怎么回事。李康文说，自己小时候家庭经济条件不是很好，所以他每次去学校，身上的餐巾纸都不是很多。有时鼻子突然过敏，就没东西可用。所以他心里一直有不安全感，用过的纸巾他就要放起来，以防到时找不到纸。

听完这个故事，张怡筠大笑。眼前这个大男人虽然成熟，却在做着7岁孩子做的事。他当下的行为和现在的生活无关，而是过去的80%在作祟。从此，张怡筠没再对这一沓沓的餐巾纸有过微词。她知道，这是丈夫的安全感问题，不能强迫他。后来，有一次去旅行，张怡筠买了很多餐巾纸。收拾行李时，她一边把餐巾纸一包一包先往天上丢，再丢到箱子里，一边说："你看，我们有好多餐巾纸。"其实她想告诉丈夫："我们现在已经有钱了，你不用再这么叠纸巾了。"看着妻子耍宝，李康文在一边笑。他听懂了妻子的意思，从那以后，家里再没有出现过一沓沓的用过的餐巾纸。

张怡筠说，如果丈夫有什么行为让你不满，他后面一定有一个很长的成长经验带来的成因。妻子若硬要立刻纠正，那么她纠正的不是丈夫的行为，而是他几十年的生活，这会让男人很痛苦。最后就变成，女人迫切地想要改变男人，但是男人没变化，于是女人开始唠叨、抱怨。女人这么做时，其实是在告诉丈夫："你这个人我不喜欢。"这样一来，男人反而失去了改变的能量。他会想，你都不喜欢我，我干吗要改变？我是哪根筋不对啊？所以逻辑要倒过来，先理解他，再帮助他改变。

婚姻要让人上瘾，而不是上锁

张怡筠做《心灵花园》节目时，发现很多女人一屁股坐下来，第一句话就是："他怎么可以变心？当初他是怎么苦苦追求我，说要一辈子对我好？"

我会一辈子对你好，这句话没有错。很多女人也把对方的这句话当成一辈子幸福的答案。可惜，女人们忘记了，这句话还有一句潜台词：我会一辈子爱你，如果你一辈子都像现在这么可爱。

潜台词没有听清楚，女人在婚姻中发生了变化：结婚前，老公说什么都没问题；结婚后，老公说什么，都很凶地表示"不行"。自己变了，还要旁边的男人一辈子爱她，这是很怪的事情。就像开店开到最后成了黑店：客人你不能走，你进了我家门，生是我家人，死为我家鬼。

你的店已经不能让客人满意了，还不让客人走，张怡筠认为，这个道理可讲不通。在她看来，婚姻有时就像是开面馆，好的老板娘会精益求精地把面条做得很好吃，如果有一天，她说："不好意思，老板娘很累了，你去别家吃吧。"客人会说："拜托你，我只想吃你家的，别人家的我都不想吃。"让客人上瘾，而不是上锁，这就是经营婚姻的秘诀。

在张怡筠的婚姻中，她让老公上瘾的方式，就是"三八"和幽默感。"在我们家，三八是硬道理，要将兴高采烈进行到底。"

张怡筠很会耍宝，酷酷的李康文在她的带领下，也变得很有幽默感，两个人经常在家里搞笑。经常见到的场景是，李康文会突然在家里唱歌，并摆出摇滚歌手的范儿："我决定爱你一万年。"这个时候，无论张怡筠在做什么，她都会放下手边的事，冲到李康文身边，高声唱："特别的爱给特别的你。"然后两个人各唱各的，唱30秒后，彼此互相吹捧一下，再继续分别干活。

就连表达亲密时，彼此都是用耍宝的方式，把肉麻当有趣。有时候张怡筠生病了，样子丑到毙，又是流鼻涕又是流眼泪。这时，李康文会看着她的脸，认真地说："老婆，你真是个天仙！你不化妆也很迷人。"

"真的吗?"

"真的。"

(有气无力)"你可以讲实话啊,反正我现在生病了,也没力气打你。"

"好,我说实话。你真是个天仙!"

这样对话完,两个人都狂笑。

张怡筠说,夫妻之间需要亲密的力量,也需要情绪的力量。每个人都应该看看,自己在婚姻里头,贡献的情绪是什么?这段婚姻是因为有我而更快乐、更亲密,还是更痛不欲生?如果女人能够让自己很迷人,让对方觉得和你在一起的时光实在是太有意思了,只有在你身边,才能获得如此好的情绪感受,这就表明,他对你"上瘾"了。这个时候,你还怕他结账走人?

爱,问张博士

Q:不少女性都被婆媳关系所困扰,和婆婆相处,您有什么秘诀?

A:和老人相处,只要做到尊重和关心,基本上就没大问题。面对婆婆,我永远都是满脸笑容,从来不会表达不一样的意见。她不管说什么,我都一定会说:"哦,是吧,您是这样认为的啊。"回到家,我才会跟老公讨论,怎么婆婆的想法这么古怪?如果婆婆的话影响到我们的利益，我就回头跟老公商量，让老公去搞定。

Q：女人有时很困惑，为什么让男人干活这么难？您有什么妙招？

A：让老公干活，方法有很多，我常用的是示弱。比如我们家，水果都是他切，因为他认为我是厨房白痴，我拿刀切的可能不是水果，而是自己的手指头。每次我大声说："我要拿刀切水果了！"老公就会冲出来大叫："不许动！"下一个动作是，他拿过刀说："算了算了，我帮你切。"

有时想让他干活，我就可怜巴巴地说："你看怎么办呢？"老公会立马投降，说："好好好，傻丫头，我来吧。"最感动的一次，是我在美国修完博士学位准备回台湾，打电话给他诉苦："老公，东西太多了，我收拾不完。"没想到第二天晚上，他就出现在美国的家门口："老婆，你的长工向你报到啦！"

Q：多对夫妻想知道，爱情如何保鲜？

A：推荐给大家一个超棒的做法，这也是我和老公一直在做的事：三A计划。第一个A是Attention，每天花3分钟全神贯注地与对方沟通，了解彼此的想法；第二个A是Affection，就是浓情蜜意，我们要多"动手动脚"，要多有肢体互动，拥抱亲吻等；第三个A是Appreciation，是指要欣赏对方，要开口称赞。

第四章 从今天起,我们更要彼此珍惜

世界上最大的折磨莫过于在爱的同时又带着藐视了

>>> 柯维夫妇 / 李松蔚 / 林昆辉 / 魏世伟 / 傅春胜

1

采访人：**贾方方**

采访对象：**约翰·柯维＆珍妮·柯维**（柯维夫妇），家庭和婚姻专家、作家、主题演讲人，著有《积极的家庭指南》，制作了《成功婚姻的7个习惯》CD、《高效能家庭的7个习惯》CD。结婚40多年来，约翰和珍妮就像舞伴一样，一起生活，一起工作，完美地诠释了幸福婚姻的模样。

观点：柯维夫妇认为，想要经营好婚姻，必须明白3件事：第一，爱不只是感觉，更是行动；第二，婚姻里不只有我，更有我们；第三，最美的情话不是"我爱你"，而是"在一起"。

经营好婚姻必须知道的3件事

婚姻里,常常会出现这样的困境:激情褪去,加上柴米油盐的琐事,矛盾滋生,爱的感觉越来越少。有些人选择视而不见,当一天和尚撞一天钟;有些人选择出轨,希望寻求新的刺激;有些人则选择离婚,彻底逃离婚姻的无味。

柯维夫妇说,感情归于平淡是每段婚姻必经的阶段,但绝不是婚姻最终的状态。只因很多人接收了错误的观念,误解了爱和婚姻。只有破除这些误解,才能找到爱的真谛,学会经营婚姻,让彼此感受到更深层的连接和更大的幸福感。

爱不只是感觉,更是行动

咨询中,经常会有人问:"我不爱我妻子(丈夫)了,怎么办?""那就去爱啊!"来访者很困惑,反问道:"我已经不爱他了,还怎么去爱?""那就去爱啊!"

其实,关于爱,来访者和柯维夫妇说的是两个完全不同的概念。来访者说"不再爱了",其实是在说爱的感觉消失了。就像好莱坞大片里演的那样,两个人有感觉才叫爱,没感觉了就得分。

如果爱只是感觉的话，人这一生要换多少伴侣才足够呢？毕竟荷尔蒙能给人带来的狂喜感很短暂。所以，他们建议来访者"去爱"。这里的"爱"不是一个名词，不是一种感觉，而是一个动词，是一系列行动。

"我们需要积极主动地把爱意、欣赏、付出、感恩放到婚姻的空盒子里，在行动中感受爱。"柯维夫妇说，就像母亲怀胎九月，这9个月对母亲来说是非常痛苦且不舒适的，但她愿意为孩子的出生做出这样的付出，而且不图回报。当孩子出生时，母亲和孩子之间天然地有一种强烈而紧密的连接感。母亲会非常自然地爱孩子，甚至盲目地以为，他就是这个世界上最可爱的孩子。柯维夫妇指出，怀孕这个行动就是爱。爱通过行动来实现，爱的感觉也由此而生。当爱的行动缺失时，爱的感觉自然也就没有了。

那么，爱的行动具体有哪些呢？

1. 说出你的爱。柯维夫妇说，他们在中国有一个很强烈的感受，很多夫妻喜欢默默付出，从不说爱，甚至以为自己不说，对方就能知道。然而，不说出口的爱并非最深，而是最伤人。你不说，另一半永远不会知道你的心思，反而会不停地猜疑："你这么殷勤，是不是做了对不起我的事？"不断地求证："你到底爱不爱我？"珍妮说，约翰每天会对她说两次"我爱你"。话音刚落，约翰摇摇头说："不，不止两次，是很多次。"因为把爱说了出来，两个人都清楚地知道彼此的心意。所以，结婚40多年，他们越来越深爱。所以，表达爱意是非常重要的爱的行动。

2．欣赏你的伴侣。有些人不懂得向伴侣表达爱，而有些人则不懂得欣赏伴侣。关于这一点，柯维夫妇分享了一个很有意思的现象。他们发现，很多人在做父母时都很懂得鼓励教育的重要性，可一面对伴侣就变脸了："你怎么这么笨！""真没出息！"结果，越指责就越对伴侣看不顺眼，而被指责的那一方也满是怨气，哪还会有爱的感觉呢？如果用对待孩子的方式对待伴侣，会不会有所不同呢？

约翰以前看到珍妮做得不好的地方总会忍不住大发雷霆。屋子乱了，他会说："你这一天都干吗了？"菜做咸了，他会说："这点儿小事都做不好！"类似这样的琐事还有很多。有一天，他突然意识到，其实，珍妮很多地方都做得很棒啊，为什么非要盯着她的不足呢？于是，他开始夸赞她为孩子们做了别致的小礼物，表扬她为自己买了帅气的领带，看到她很忙时，还不忘热情地询问她："亲爱的，我有什么可以帮你的吗？"约翰的欣赏让珍妮感到被认可，而那句"我有什么可以帮你的吗"则让她感受到了被支持。两个人的关系悄然发生了变化。可见，欣赏伴侣的行动也会为婚姻注入爱，带来美好的爱的感觉。

3．懂得感恩。柯维夫妇认为，爱意和欣赏的表达缺失并不是不会，而是觉得没必要。妻子觉得丈夫赚钱养家、对自己好是应该的，丈夫觉得妻子照顾家、理解自己是应该的。既然你爱我是应该的,你做得好也是应该的,哪还需要爱的表白?哪还需要爱的欣赏?可是,没有谁对谁好是应该的,每个人的付出都应该被感恩。没有恩,也就没了情。所以,我们需要对他说一句"谢谢",给他一个拥抱,送他一个惊喜,为他做一件他喜欢的事……只有我们报之感恩的行动,伴侣才会知道,自己的付出被看见、被珍视,才会以更积极的态度回应,形成爱的良性循环。

在付诸爱的行动时,柯维夫妇建议每对夫妻都要培养主动积极的习惯。当婚姻出问题时,很多来访者会喋喋不休地哭诉,婚姻不幸都是对方的错,好像自己就是个局外人一样。如果不改变这种思维,是很难付出爱的行动的。而主动积极就是一种正向思维,教人停止指责,把更多的注意力放在自己身上。

约翰举例说,丈夫不爱做家务,妻子要做的不是指责他太懒,而是主动展示做家务的乐趣吸引他;当丈夫做得不错时,给予鼓励,让他更有意愿参与。珍妮继续举例,吵架时妻子从不低头,丈夫不必指责她不讲理,只需表达自己的真实感受;当妻子接收到的是丈夫的感受而不是指责时,她会更愿意好好沟通。柯维夫妇认为,看看自己能为这段婚姻变得更好做些什么,从而改变自己,是最可控也是最行之有效的爱的行动。

柯维夫妇说,把爱当作一个动词,培养主动积极的习惯,改变自己,向伴侣表达爱意、欣赏和感恩,你会发现,越是付诸爱的行动,就越能感受到爱;越有爱的感觉,就越愿意付诸爱的行动,而这就是爱的真谛：越付出越拥有。

婚姻里不只有我，更有我们

人们常说，幸福的婚姻都是相似的，不幸的婚姻各有各的不幸。而柯维夫妇表示，不幸的婚姻其实也有相似之处。

因为工作的原因，柯维夫妇遇见了形形色色的夫妻，尤其是婚姻不幸的夫妻。他们发现，这些夫妻在交流时，最爱用的词语就是"我"。关于这一点，有个非常典型的新闻事件。讲的是一对新婚小夫妻去吃夜宵，妻子说："我要吃麻辣烫！"丈夫说："我要吃烤串！"争来争去，谁也不肯让步，最后饭没吃成，直接奔民政局离婚去了。表面上，两个人是在为吃什么而争吵，实际上则是在争"怎么做对我是好的"。一件小事尚且如此，平日相处时类似的争吵可想而知。

柯维夫妇说，这是很多婚姻不幸的通病，婚前说什么做什么想的都是"我"，婚后仍然我行我素，经常把"我"挂在嘴边。她说："钱得归我管！"他说："这个家得我说了算。"他说："我就要买个大房子，住得舒坦。"她说："我就要买小的，不用还贷。"总之就是："我要赢！""只能做对我好的！"柯维夫妇表示，过度地强调"我"，就意味着另一半的需求和感受被忽略、被压抑，时间久了，关系必然会不平衡，要么战争升级，要么干脆离婚。

柯维夫妇认为，这个现象和个人价值被不断重视的大背景有关，人们很容易以自我为中心，希望另一半无条件地宠爱自己、包容自己，我必须赢，你必须输。然而，没有人愿意输，这是天性使然。所以，如果一方时时占上风，另一方肯定不干。也有人是因为缺乏安全感，希望以外在的强势来弥补内在的匮乏。要求另一半时刻把自己放在第一位，电话接晚了都会大吵一架；要求另一半把工资都上交给自己，否则就一哭二闹三上吊。他们都忽略了一个事实，安全感不是别人给的，只能通过自我调整来获得。

过度强调"我"的婚姻是不幸的，那什么样的婚姻才是幸福的呢？美国一所大学访问了154对中老年夫妻，记录下每对夫妻长达15分钟的对话。随后，研究人员对他们面部表情的变化、语气的升降以及情绪的变化做进一步分析。结果显示，在交谈中频繁使用"我们"的夫妻，他们的表情和语气更相似，讨论更积极，生活更幸福。而总爱说"我"的夫妻则更容易争吵，且争吵时间更长。答案是不是一目了然了？

柯维夫妇说，婚姻关系是比其他人际关系更亲密的关系，在这个关系里，我对你很重要，你对我也很重要，我和你都不再只是一个单独的个体，而成为"我们"这样一个共同体。这就意味着，夫妻在说话做事的时候，要转变思维方式，从只说"我"转变为多说"我们"，从只思考"什么对我是好的"转变为多考量"什么对我们是好的"。

同样是家庭理财，站在"我"的立场就是"归我管"，而站在"我们"的立场则是，谁更擅长谁就来做。丈夫消息灵通，脑子活络，那就负责开拓投资渠道；而妻子更细心，也更有自制力，那就负责记账和把控风险。"我们"发挥各自的优势，协作完成一件对"我们"都好的事。

同样是买房子，站在"我"的立场就是"我怎么高兴怎么来"，而站在"我们"的立场则是，怎么做才是对我们都好的。买大房子，妻子觉得压力大；买小房子，丈夫住着不舒服。是否可考虑先租一套大房子作为过渡，住着很舒服，又不用还巨额贷款，实现双赢。等经济条件允许的时候，再做出新的衡量和调整。

当然，也有一种可能是，努力后仍无法全款购买大房子。此时，怎么做才能对"我们都好"呢？丈夫可能要稍微降低下对房子面积的要求，妻子也要适当放宽对贷款的接受度。是的，为了实现"我们"的双赢，夫妻二人都让渡了一部分"我"的利益，而这也是从"我"过渡到"我们"时经常要面临的。

但这并不意味着，为了"我们"，"我"就要低到尘埃里。妻子完全放下自己的工作，委曲求全地做全职太太；丈夫完全放弃自己的兴趣，没日没夜地工作……这就走向了另一个极端，一个不懂得爱自己的人是没有能力去爱别人的，而且长期压抑自己，必然对另一半充满怨言，又如何能经营出幸福的婚姻呢？

柯维夫妇说，每个人对"我们"的理解千差万别，需要根据自身的实际情况，适度地放下"我"，有条件地成就"我们"。在这个过程中，除了度的把握，更重要的是转变心态，有意识地看到"我们"的存在，开启幸福的旅程。

最美的情话不是"我爱你"，而是"在一起"

柯维夫妇说，看清了爱是行动的真相，明白了婚姻中"我们"的重要性，接下来就需要两个人在一起，用"行动"成就"我们"的爱，让婚姻永葆生机。

在一起行动前，每对夫妻都有必要先设定好共同的目标。柯维夫妇说，这一点非常重要，因为就像飞机不时地偏离轨道，每个人都会犯错，但只要目标明确，我们就不会迷失，而是可以不停地调整，一直朝着目标前进。

1. 明确结婚的目的。说到这儿，约翰开启了自我检讨。因为工作繁忙，他常常带着情绪回家，对珍妮各种挑刺。直到看到珍妮脸上的委屈，他才开始思考："我为什么要去工作？不就是为了让家人更好地生活吗？太太为什么要辛苦持家？不也是为了让家人更幸福吗？"想到这儿，他突然意识到，如果自己因为情绪而对太太横加指责的话，实际上是偏离了两个人共同的目标。他决定把自己拽回轨道，向太太道歉。

"每个男人都要学会对妻子说对不起，这很重要。"约翰笑笑说。对此，珍妮表示："40多年的婚姻里，我们都犯过很多错，约翰如此，我也如此。这不可怕，重要的是，我们知道自己做错了，懂得道歉并立刻改正。"

柯维夫妇表示共同的目标有很多，其中最基础的就是结婚的目的，因为这决定了两个人的相处模式。如果结婚只是为了找个伴儿，两个人就会陷入衣食住行的纠结和无尽的权力斗争中；如果结婚是为了让彼此变得更好更幸福，两个人则会懂得用爱的行动滋养彼此，一起营造"我们"的幸福。

2. 夫妻关系最重要。制定好目标后，还要学会优先选择。柯维夫妇发现，在这一点上中西方差异很大。西方人会把夫妻关系放在首位，而东方人则更看重亲子关系。一有孩子，整个家庭都在围着孩子转。结果，夫妻俩因为只关注孩子而冷落了彼此，关系变得不咸不淡。当孩子长大成人离开原生家庭后，夫妻俩因为失去了共同关注的对象，也没了继续走下去的动力，要么得过且过，要么离婚收场。

因此，柯维夫妇认为，中国夫妻很有必要调整家庭中的优先目标，重视夫妻关系。他们建议这些夫妻可以从小处着手，比如承诺每周都有一段不带着孩子的、一对一的时间。一起运动，既强身健体，又能增加亲密度；一起读书看电影，既能丰富自我，又能增加精神上的交流；一起洗衣做饭，享受共同协作的幸福感。

3. 一起承担。"在一起"还有一个很重要的含义就是，夫妻两个人要一起承担责任，一起面对困难。在这一点上，中国很多家庭做得都不够好,尤其是在养育孩子这件事上。很多家庭都是假性单亲家庭,丈夫只管生不管养,只留妻子一人独自承担。柯维夫妇认为,这只是在同一屋檐下生活,根本不是"在一起"。

真正在一起的夫妻是如何养育孩子的呢?约翰和珍妮有10个孩子,他们从来都是一起为孩子洗衣做饭,一起陪伴孩子读书学习;孩子病了,他们一起寻医问药,一起陪伴照顾;孩子遇到了难题,他们一起寻找解决方案……"因为在一起,我们共同分担,从不觉得辛苦;因为在一起,我们互相鼓励,从不觉得孤单。"珍妮如是说。约翰点点头,说道:"我们是最好的搭档。"

不仅是养育孩子,当伴侣伤心难过时,婆媳关系、妯娌关系出现问题时,家庭遭遇变故时,都需要夫妻在一起,为彼此分担,给彼此支持,一起度过。当然,婚姻不只有艰辛,还有快乐,需要夫妻在一起经历、分享;还有成长,需要夫妻在一起交流、学习……

柯维夫妇说,不管发生什么,夫妻两个人都要在一起,一起承担,一起面对,从结婚的第一天到分别的一天都是如此,绝不轻言放弃。唯有如此,两个人才能真正获得幸福,才能坚定不移地携手走过这一生。

从采访开始到采访结束,约翰始终牵着珍妮的手,一刻不曾分离。是的,他们始终在一起,一起打造他们的幸福婚姻,一起分享他们的幸福之道,一起把更多幸福的可能性传递给更多的夫妻和家庭。这大概是对幸福最完美的诠释了吧。

2

采访人：**付洋**

采访对象：**李松蔚**，北京大学心理学系临床心理学博士，清华大学心理学系博士后，中国心理学会注册心理师，北大—壹基金童心康复项目督导师。连续3年参与中德高级心理治疗师培训项目(CBT方向)、创伤与EMDR（眼动脱敏与再处理）治疗的培训，并接受了系统、完整的临床督导。著有《难道一切都是我的错吗？：重构你的家庭亲密关系》。

观点：在系统家庭治疗中，一个核心的理念是：双方都在互动，所有的问题都是两个人（或几个人）合伙制造出来的，谁也不无辜。

不幸的婚姻里没有无辜者

每对夫妻,都可以有自己的相处之道

在系统家庭治疗的理念里,没有提倡某种特定的夫妻相处之道。因为,每对夫妻都可以有自己的相处之道,不必按照一个方向走。无论看起来多不合理,存在的就是存在的,我们没有资格去评判。

实际上,从某种意义来讲,中国的文化和经济都到了允许各种各样婚姻或家庭关系出现的阶段。以前大家认为是大逆不道的事情,现在都接受了,比如不婚、丁克。所以,专家也需要调整自己的角色。作为一位系统家庭治疗师,我经常做的事情是从系统的角度,看到来访者所诉说的问题的另一面,而不是作为一个意见领袖,去发表一些关于婚姻或家庭的"正确"观念。

我们看书、上课,乐此不疲地寻求"正确的"夫妻相处之道,或许是因为想让自己的婚姻达到100分的完美境界。其实我认为,70分的婚姻已经很理想了。

70分的婚姻是这样的:夫妻俩经常会和别人抱怨,比如婆婆好烦，老公赚钱不多又懒，老婆太唠叨管得严，但回家后好好的；两个人有合作的时候，也有吵得很厉害的时候，吵着吵着可能会笑起来；两个人存在很多差异，你看我不顺眼，我也看你不顺眼，但某些时候又特别有默契；当一个人生病时，另一个人会非常担心；当一个人受到伤害时，另一个人会想保护他；两个人会互相吃醋，甚至有时怀疑对方不爱自己，同时彼此却保持忠诚……

70分的婚姻，是一定会包含痛苦成分的。我不认为，任何一个家庭可以没有痛苦。很多人会把他的痛苦升华为生活的一部分，一边抱怨，一边享受着。

有一次，我在清华大学给一个学生的父母做咨询。咨询中，这对夫妻对彼此抱怨不休，冲突不断，简直是水火不容。咨询结束后，我下楼去买东西吃，恰巧又遇到了这对夫妻。当时已是冬天的夜晚，两口子手牵着手，微笑着在校园里散步，看起来和天下的恩爱夫妻一样。其实，不管是冲突争吵的样子，还是恩爱的样子，都不是婚姻的全部，两者合在一起才是婚姻真实的状态。

而那些从不抱怨、从不吵架、相敬如宾的100分婚姻，很可能不是一种真实的状态。他们或许是没有办法解决婚姻中的问题，然后把注意力转到其他的人和事物上了。举个例子，有一对夫妻从来不吵架。婚后第五年，丈夫突然提出离婚。咨询中，丈夫说妻子有病，没完没了地买买买，他快崩溃了。

我没有对妻子的行为做任何评判，只是和这个丈夫讨论："如果把购物作为妻子的一个爱好,你会觉得更容易接受吗?那她怎么做,你会觉得购物更像是一个爱好,而不是一种疾病……"之后,我又和这个妻子讨论:"你的丈夫觉得购物是一种病,是因为你做了什么吗?他做了什么事情,会让你觉得难以理解?围绕这个分歧,你们会争吵吗……"我不会给他们直接的建议,而是让他们在互动中,看到以前从来没有看到的另一面。

讨论的结果是:妻子在婚姻中感到孤独,所以依靠购物填补内心的空虚。妻子的购物成瘾,又让丈夫的经济压力很大,拼命加班赚钱,于是妻子越发感到孤独。这不是一个简单的因果关系,而是夫妻互动产生的循环嵌套,不是哪一个人的错。

我经常跟学生讲,如果到草原上,看到狮子在吃兔子,别急着锄强扶弱。兔子这么弱小,却能够在草原上生生不息,一定有它的本事。然后你会发现,兔子的繁殖能力很强,虽然会死掉一部分,但是这个种族可以延续。每一个物种都有它的生存之道。

夫妻也是如此,看似弱小的人不一定没有力量。有一对夫妻,丈夫大男子主义,脾气暴躁,妻子则很柔弱。每次吵架之后,妻子都会找居委会主任哭诉。之后,居委会主任就会帮着妻子把丈夫狠狠地骂一通,这种情景不断上演。从系统的角度来看,居委会主任其实是这个妻子用来制约自己丈夫的工具,是她的同盟。还有的女性受到丈夫欺负后,会用别的方式把场子找回来:偷偷刷爆老公的信用卡,给自己买很贵的衣服;找闺密一起吃大餐,吐槽自己的老公，比比谁的男人更渣……

系统家庭治疗师不会锄强扶弱，但是，他会引导夫妻中的每个人看到自己的婚姻相处之道，看到自己的资源。

在家庭系统里，参与者谁也不无辜

在系统家庭治疗中，一个核心的理念是：双方都在互动，所有的问题都是两个人（或几个人）合伙制造出来的，谁也不无辜。

有一个经典案例：一个妻子向系统家庭治疗师抱怨丈夫对她有多么不好。治疗师问她："你当初选择跟他结婚，证明他当时还不错。他现在变得这么不好，在这个过程当中，你做了什么？"妻子立刻说："我什么都没做！他变得不好，跟我没有关系！"治疗师说："他对你这么不好，而你什么都没做。"

"我什么都没做"这句话是一把双刃剑：一方面是在说，我很无辜，我是一个受害者；另一方面却是在说，我在这里采取了一个动作，这个动作叫"默许"，这个动作叫"不作为"，这个动作叫"保持原状"。这是一个非常强大的作为，特别是在对方对你很不好的时候。这也是很多时候被其他心理治疗流派忽视的地方：治疗师一听你什么都没做，那肯定是你老公的问题了。可系统家庭治疗师却会追问："为什么你什么都没做？"没做的背后一定有很好的理由，让你选择维持现状。

很多女人认为，奇葩婆婆是比小三儿更可怕的存在。事实上，婆婆只是家庭系统中的替罪羊。有一个婆婆对儿媳很差。一次，儿媳做菜时把手切了，鲜血直流。婆婆看了一眼，马上找出一双手套给她戴："这样你就不怕湿了。"然后指挥儿媳去刷碗。儿媳向朋友抱怨："你说这样的婆婆是不是很奇葩？她为什么会这么过分？"可当朋友给她支招儿时，她又会马上说："没用的，我说了她也不听。"

婆婆和儿媳是两个人，儿媳说的任何话，婆婆都可以不听。但问题是，婆婆不听，儿媳就什么也不做了吗？

其实，孩子也经常不听我们的话，但我们会告诉孩子：你可以不高兴，你可以耍赖，你可以生气，但今天我们买完这些东西就得回家，你要做作业。面对孩子的"不听"时，妈妈们一般都很果断，会采取相应的行动。所以，根本问题不在于婆婆听不听，而是在于儿媳到底是选择听婆婆的，还是听自己的。

儿媳的抱怨不是真的想改变现状，只是想向别人证明：我的婆婆真的很过分，很奇葩，我是个受害者，我的生活很不幸。这样，我就可以不为自己负责了。比如，我可以不用面临与婆婆的冲突，面对情绪压力；不用承担一些责任，万一婆婆生气走了，没人帮我照顾孩子做家务；不用惹老公不高兴，影响夫妻关系。而且，我什么也没做，我的婚姻不幸就全是奇葩婆婆的错。而如果做了什么来改变现状，万一日子还是过得不好，那么我就要承担全部的责任。所以,往往奇葩婆婆与不愿为自己负责的儿媳是配套出现的,这就是系统。

有一个男士因为醉酒,和女同事发生了一夜情,结果女同事怀孕了,他的婚姻因此陷入危机。他觉得自己很无辜:"我是喝醉了啊!我是无辜的!"真的无辜吗?他没有做避孕措施,参与了这起事件。而不做避孕措施,代表他默许怀孕的发生,甚至是愿意给这个女人一定的承诺。很多男人总说"我喝酒了",好像他根本没法选择自己喝不喝酒一样。事实上,他有很多选择:不喝或者少喝让自己保持清醒;或者喝酒后回家,不与妻子以外的女人发生性关系。

还有些时候,我们虽然做了一些事,却是无效的。举个例子,孩子看电视,妈妈说:"你不要看电视了,看电视对眼睛不好。"孩子接着看。10分钟后,妈妈又过来说:"你不要看了,我都跟你说不要看了,你还看!"孩子继续看。又过了10分钟,妈妈过来说:"你怎么还在看电视!"妈妈一直在说,但是没有关掉电视的动作。孩子接收的信息是:我可以继续看电视,代价是忍受妈妈的唠叨。很多妻子对待丈夫,就像这个妈妈对待孩子一样。一边抱怨唠叨,一边把家务活儿都干了。在这里,我不是指责妻子,而是说,我们需要向伴侣发出明确、有效的信号。

比如,有的妻子就很聪明,对丈夫说:"你做什么都行,就是不许和我动手。只要你动手一次,咱们就离婚,我说到做到!

到时候,你就算下跪求我也没用!"她的丈夫果然从来没有和她动过手,哪怕两人吵架吵得很凶。这个丈夫不见得就比别的男人品德高尚,只是他清晰地知道自己家暴要付出的沉重代价,不敢跨越妻子的底线。

改变夫妻互动模式,婚姻才会真正改变

与其他心理治疗流派不同,系统家庭治疗不听故事,不追溯创伤,不管原生家庭,而是从当下的互动模式入手。当互动模式改变了,夫妻跳出彼此嵌套循环的怪圈,一切就都改变了。

美国有一个非常经典的案例:有一对夫妻,他们的关系非常差,只要在一起就吵架。他们去看一位系统家庭治疗师,想知道他们为什么总吵架,怎么样才能不吵架。治疗师说:"我必须知道,你们具体是怎么吵的。我这里有一台录音机,你们随身带着。当你俩想吵架的时候,就按下录音按钮。这样,我就知道怎么帮助你们。"这对夫妻拿着录音机回家了。一个月后,夫妻俩沮丧地对治疗师说:"对不起,我们这一个月尝试过很多次,但是没吵起来。每次想到要按录音机按钮,或者是按完按钮之后,就突然不想吵了。"

这是因为夫妻俩当下的互动模式改变了。之前,他们吵架是因为冲突,但是,当按下录音机按钮之后,他们的关系就变成了合作——合作表演吵架。这就是系统家庭治疗中的"悖论干预"技术。

曾奇峰老师曾说,系统家庭治疗师要在来访者的症状上"吐口水"。这样,当他在用这个症状时,就没那么爽了,觉得上面沾了治疗师的"口水"。当治疗师允许来访者保持现状,来访者反而不想保持了,于是改变成为可能。

在《循环提问》一书里,有一个很有意思的案例。一对年轻的夫妻,丈夫有赌瘾,所以经常会遇到财务困难。妻子感到非常绝望,即使丈夫发誓戒赌,她也没办法确定他明天会不会又赌。系统家庭治疗师是个非常聪明的人,他没有聚焦在"如何不让丈夫去赌",而是建议夫妻俩ＡＡ制,自己赚的钱自己花。这样做的好处是,不管丈夫赌不赌,都不会影响妻子的生活质量。当然,妻子依然不知道丈夫是不是在赌博,治疗师也没有要求丈夫戒赌。

一开始,他们都很困惑,各种不适应。但是,生活慢慢地出现了神奇的变化:妻子有了很多积蓄,她发展了自己的爱好,经常去跳舞,还认识了一些优秀的异性。丈夫不了解妻子的财务情况,又看见妻子和人跳舞,吃醋、暴躁,他们有时候会争吵。但是,他们的生活有激情了,性生活变好了。一段时间后,他们还有了孩子,生活一直前进着。

我也遇到过类似的案例。丈夫出轨后回归,妻子总是担心他和情人藕断丝连,每天查他的手机,搞得夫妻关系很紧张。我建议妻子每天关机两个小时，不与丈夫联系，彻底消失。在这两个小时里，她可以去做任何能让自己开心的事。然后，永远不告诉丈夫自己去干什么了。

发生过外遇危机之后，我们都知道挽救婚姻最好的办法是重建信任。但是，这个过程是极为艰难和漫长的，有的夫妻可能终其一生也没办法再建立起真正的信任。所以，我们倒不如去掌控不信任，每个人都给自己留一些让对方不信任的空间，试着去构建一种新的婚姻模式。当下的现实是：我们永远没法再重新回到过去相互信任的程度了，因为我们有伤。所以，干脆看看在这样的情况下，我们可以怎么过得更好。改变互动模式后，这对夫妻的关系变得更加亲密了。

我觉得，未来我们可以用一种更平等的方式去理解家庭里的每一个人，而不是把矛头指向某一个人，告诉他"你改好了，我们全家就都好了"；以一种更客观的视角去理解这个家庭究竟发生了什么；通过改变夫妻互动模式，让婚姻里的人多一些幸福，少一些痛苦。

3

采访人：**玄圭**

采访对象：**林昆辉**，著名心理治疗专家，台湾大观心理治疗所所长、自杀防治协会秘书长，上海"希望24热线"发起人。出版《家庭心理学》《儿童艺术治疗心理学》《痛苦心理学》《快乐心理学》等多部堪称心理学教材的著作。

观点：婚姻不是一生一世的勒索，而是一辈子的承诺。我承诺永远陪你玩儿，而且要让你感觉好玩儿极了。因为我爱你，我要变成好玩儿的人，也要让你变得越来越好玩儿。

婚姻就是寻找一辈子的玩伴

所有恋爱都好玩儿,但只有少数婚姻才有趣

很多人可能会说:婚姻不是过家家,而是柴米油盐酱醋茶,实打实地过日子。这句话当然没错。但也正因为有这样的认知(现实),很多情侣结婚后,遇到各种各样的现实困境时就会疲惫、失落,会觉得对方不再像恋爱时那样爱自己了,从而对伴侣和婚姻都感到失望。我们把这种现象称之为"婚姻倦怠"。

其实婚姻倦怠的实质,就是觉得对方不好玩儿了,和他在一起越来越没意思了。比如一对夫妻结婚之初约定,每年要一起去外地旅游两次,每3个月去一次对方父母家,每周看一次电影,每周三和周五一起出去吃顿饭。但是结婚不到半年,随着妻子怀孕,他们很快不再遵循当初的约定。不仅不再履行当时的承诺,而且丈夫开始晚回家,妻子动不动就发脾气。

丈夫不愿意回家,不是因为有了外心,而是因为"妻子现在都懒得看我一眼,回家没意思"。妻子性情大变,是因为怀孕了,丈夫竟然从不主动关心自己!随着孩子出生,两个人越来越对彼

此失望，抱怨和伤心成了他们婚姻生活中的常见表情。

这对夫妻的婚姻现状，其实就是得了"婚姻倦怠症"。这也可能是很多夫妻都会面临的一大难题，为什么会这样？为什么恋爱时百看不厌，他浑身上下哪儿都好，一结婚就变成这样？这是因为两个人恋爱时，是"我的自我"跟"你的自我"谈恋爱。自我的内容是什么？是欲望和嫌恶。欲望是我想、我要、我喜欢，就是能让我快乐的东西，只要我追求欲望成功了、获得了，就开心了；而嫌恶是会让我难过、痛苦、不愉快的东西，是一种回避性行为。

一般来说，谈恋爱时，双方都会尽力满足彼此的欲望。我用所有的欲望来帮助逃避你的嫌恶，逃避我的嫌恶，我们都尽量不要去做我们都嫌恶的东西，比如酗酒、夜不归宿，而是要尽量做满足对方欲望的事，比如逛街、看电影、做义工。恋爱时彼此都只关注对方欲望，而不沾染任何嫌恶。

恋爱的时候，彼此都浸泡在自我的欢愉中，双方努力满足放纵自己和对方的欲望。欲望是如何放纵的？其实说到底就是一个字——"玩"！约会不就是玩吗？我们在这里玩、去那里玩，我们牵手跑着玩，男孩背着女孩爬楼梯玩，女孩给男孩贴面膜、化妆玩。两个人怎么玩都好玩儿，到哪里都觉得风景旖旎但你比风景还美！情人眼里出西施，情人眼里出完美：完美的东西、完美的事、完美的动作和心思。

两个人恋爱时，彼此都在确认一件事："这个人的自我跟我的自我很匹配。"为什么这么说？因为我们两个人在一起真好玩儿啊。我觉得你好玩儿，你觉得我好玩儿，所以我们一直约会。两个人越玩越好玩儿的时候，就进入热恋期。再后来，两个人做了一件很神圣（奇怪）的决定："我觉得你非常好玩儿，你是我遇到的最好玩儿的人，我们在一起玩，比跟任何人在一起玩都快乐。所以，我们约定——结婚吧！"两个人之所以约定结婚，是因为当时认定：我们能玩一辈子。

但是，婚姻和爱情大不同。我们真的还能像恋爱时那样，时时刻刻都喜欢和对方玩，觉得对方是最好玩儿的人吗？结婚后，我变成丈夫，你变成妻子，我们从恋人变成夫妻。接下来的每一天，我们都不再是两个独立的自我恋爱，而是丈夫角色跟妻子角色在一起，我们的关系变成家庭角色关系。但是，两个人依然想做自我，于是极力想从角色的牢笼里脱身：出去看电影好吗？不行，我要加班！你们家的事儿能不能别牵扯我？我们家的事儿不也是你的事儿吗？

于是，恋爱时的美梦一点点消失不见，了无生趣，相看两厌。所以我们说，婚姻是爱情的坟墓，它与爱情一点儿关系都没有了。

婚姻倦怠的真相，夫妻再也玩不到一起了

但是，很多婚姻倦怠都是假象。为什么这么说？你认为对方不够爱你，没有像以前那么爱你了，但我要说的是：婚前是我爱你 30 分，剩下 70 分是求你爱我。

婚后，我不用求你爱我了，但婚后我还是像恋爱时，有 30 分爱你，甚至比婚前还爱你，爱到 40 分甚至 50 分。但这个时候，你依然拿婚前的百分之百的"爱＋求爱"来评估我，得出的结论当然就是"你不够爱我"。

这个结论下得有点儿草率。为什么？因为当初他求爱的那个女生，约会时打扮得漂漂亮亮，说话轻声细语，充满了女性魅力，一言一行都在挑逗着男人的神经细胞。

可是结婚后呢？我们朝夕相对，从早到晚，我看你刷牙的样子、你上厕所不关门的样子、你穿着奇奇怪怪的衣服走来走去的样子……恋爱时的那个女神不见了，还怎么愉快地玩耍？

不能像恋爱时那样玩耍和开心了，怎么办？很多人的选择是生小孩。孩子表面上好像挽救了婚姻，但事实呢？事实是随着小孩的出生，两个人的夫妻角色都被毁掉了。

约会时，你看到的是爱人；结婚后，你看到的是妻子（丈夫）；生小孩后，你看到的是孩子他妈（爸）。谁是我们两个人中间的核心？当然是孩子。我们常说三口之家，其实我认为：很多家庭应该叫作"2+1"更合适。因为多数妻子都是孩子的主要照顾者，这种前提下，妻子和孩子变成生命共同体，他们俩变成一个游戏团体。他们两个每天都在玩，先是妈妈逗着小孩玩，后来孩子会跟妈妈一起玩。爸爸怎么办？如果插不进去或不想插进去的话，他就得自己玩，或者找别人去玩。

每一段婚姻开始，其实都有一个约定：我们说好了，要一辈子一起玩，一辈子我都陪你玩，一辈子你都跟我玩。谁知道有了小孩以后，母亲和孩子两个玩在一起，所以被冷落的那个人只能自己玩。

有些男人就自己玩，玩游戏、看电视、开车去兜风；有些男人不会自己玩，就只能找别人玩。而找别人玩又分两种：一种是找同性的朋友玩，哥们儿聚会、玩游戏和侃大山；另一种玩呢？你知道的，男人就去找异性玩，玩着玩着着火了。

婚姻走到这个时候就分成了两个团体：妈妈和孩子组成一个游戏团体，爸爸跟男性友人或者异性友人一起玩，夫妻双方各自在团体中玩。一个家一分为二，夫妻俩各玩各的，婚姻倦怠，貌合神离，一地鸡毛，要么得过且过，要么分道扬镳。这背离了两个人结婚的初衷，因为婚姻的实质，其实就是寻找一辈子的玩伴。这个玩伴其实要求很多，它既是你能畅快释放自我的玩伴，又要让你在家庭关系角色和社会角色里能够喘息、得到舒缓、得到慰藉，还要让你能夜夜安然入眠。

什么叫玩伴？就是那个能够让你开心的人。能玩到一起，意味着能够让对方开心、温暖，让彼此觉得"只要跟你在一起我就快乐，看着你我就快乐，跟你讲话我就快乐，不管和你在一起做任何事情，我都快乐！"。

但为什么结婚、做父母后，我们就不能做玩伴了？就性而言，是从性的探索到性的审美疲劳；就爱而言，是从爱的追求到不再求爱的懒散；就生活而言，是从一个新奇的二人世界到同一屋檐下的相看两厌。

当然，导致婚姻疲惫，不能再做玩伴的最重要原因，多半是因为钱。婚前不管赚多少钱，两个人约会时是不看钱，不把钱当钱的，所以我们把约会时间叫作"非经济性行为"。可是一结婚呢？这一切都变成了"经济性行为"。

结婚前两个人可以泡在咖啡馆，一人一杯咖啡，一个人40元，加起来不到100元，不贵吧？结婚后，丈夫请妻子去喝咖啡，她却说："我泡给你喝，你把80元给我！""我给你买一束花吧！""买什么花？出去撮一顿才实在！"

柴米油盐酱醋茶，真像三昧真火一样，煮啊、熬啊，最后把婚姻烧坏了。烧坏以前会出现什么？倦怠。当两个人玩不起来，不好玩儿的时候，婚姻倦怠了。

婚姻倦怠后，从前的誓言消退了，所有的美好成了回忆，我们不得不面对誓言破碎，从前的海誓山盟都没有了，我哪里还有心情跟你玩？

当妻子看到成天玩儿游戏、总是加班出差的丈夫，后悔和抱怨都来不及，哪还有心思玩？两两相对是冷若冰霜，你们有多久没有开怀大笑了？其实玩就是为了笑，为了乐。两个人最初结为夫妻时，就是因为想让对方欢喜和快乐。

喜笑不见的时候，这个婚姻，好像也该拆了。

婚姻就是一辈子做玩伴

但是你想拆，真的敢拆吗？因为婚姻是一个家庭制度，一个社会组织，因为婚姻的真相，虽然是今生今世的玩伴，但是婚姻的表象却是家庭组织以及家庭的生活模型，而家庭角色对于整个家族和整个社会来讲是一个角色系统，大家必须借着这个角色系统来认识你。

再说，孩子还很小，你敢离婚吗？再凑合过几年吧，但是几年后我都四五十岁了，还好意思离婚吗？

婚姻一潭死水，两个人连看都不看对方一眼，还谈什么玩和乐？当你耐不住这种没有玩笑、没有玩伴的日子，要不要离婚？离婚吧！

但我们通常提到离婚，想到的是"要不要离婚？""该不该离婚？""能不能离婚？",但离婚不是要不要、该不该和能不能,而是敢不敢的问题。因为离婚意味着跳脱自我和婚姻家庭里的角色,这并不容易。

很多人问我:"如果不离婚,我的日子怎么过啊?"我说:"那就离吧。""可是离了婚以后,我一个人的日子怎么过啊?下一个人不一定更好啊。"我说:"那就再考虑下啊。""可是我现在就已经熬不下去了。"我说:"你说熬不下去了,不也还在熬着吗?"

离不离婚兹事体大,如果仅仅因为婚姻疲倦而选择离婚的话,这婚未必就离得对,因为下一段婚姻,你照样还会倦怠不是吗?那么,如果婚姻陷入倦怠却又不愿、不敢离婚的话,怎么做才能重拾往日恩爱,做幸福夫妻?

婚姻一开始是玩,婚姻的倦怠是不玩。一开始就是玩跟笑,坏了就是不玩也不笑。所以,如果你真的想挽救婚姻,你就不要忍、不要熬,而是要重新开始——玩。

怎么玩?

首先玩自己。千万记住,想挽救婚姻就要从玩开始,先玩自己,自己跟自己玩,一个人独自玩。自己玩的话玩什么?女人玩脸,去保养去化妆;玩头发,变个发型做做护理;玩眼霜擦眼睛、玩健身维持好身材。至于男人嘛,没事儿可以玩玩自己的胡子或毛毛的大腿嘛!

无论如何，请你开始跟自己玩，先把自己变成一个好玩儿的人。当你觉得自己已经变得可以自己玩，而且还很好玩儿的时候，你就可以进入第二步了。

玩对方，玩你的伴侣。如果你本来就有一个游戏团体，比如你和孩子是个团体，你就带着孩子去跟伴侣玩，临睡前讲故事时叫上他，给孩子做早餐时让他帮忙尝尝味道，有亲子聚会拉上他一起参加。你要努力把"2+1"变成3，把两个人的游戏团体变成3个人的。或者把原来的妈妈跟小孩的游戏团体，变成现在的爸爸和小孩的团体，然后，你找机会退出去自己玩，多创造机会让他们两个一起玩，当他们两个玩得很嗨时，你再找个机会插进去，变成3个人一起玩。

如果没有孩子，婚姻倦怠后各玩各的，或者没各玩各的但两个人都不再玩的话，你要做的还是这个套路：先自己玩，觉得自己好玩儿时再找他玩，逗他玩。玩他逗他，玩到他觉得"咦，好像有点儿好玩儿呢！"。当然，最重要的不是让他觉得自己很好玩，而是要他重新觉得：原来我的伴侣是个好玩儿的人，我愿意继续跟他玩下去。

如果婚姻之前没有一起玩的恋爱过程，比如相亲结婚或闪婚，即便婚姻还没陷入倦怠，你也要从现在开始玩；如果你们经过足够长时间的恋爱，曾经是最佳玩伴的话，你一定会记得当初是怎么玩的。

为何我们从当初玩得疯疯癫癫，到现在啥都玩不起来？不要纠结于其中的原因，你要做的只有一件事：玩回去。

玩自己，玩他，慢慢地两个人一起玩，久而久之，你们就会成为谁也拆不散的最佳玩伴和神仙眷侣！

4

采访人：**付洋**

采访对象：**魏世伟**，北京华夏心理培训学校理事长，内视观想督导师，内视观想导引师。人力资源和社会保障部中国就业培训技术指导中心职业培训专家，人社部企业员工心理援助计划（EAP）专家组成员，司法部预防犯罪研究所、北京市监狱管理局等单位内视观想研究课题及项目特聘专家顾问，"5·12"汶川地震心灵守望计划专家组成员。

观点：养而不爱如同养猪，爱而不敬如同养狗。在夫妻关系中，爱是基础，而敬是核心。

亲密关系中，还要保持对对方的尊重

爱是感情和行动的投入，养而不爱如养猪

近年来，魏世伟在管理华夏心理学校的同时，一直致力于发展本土心理学——将中国传统文化的精髓与西方心理学的方法结合。比如，在处理求助者及学员的婚姻困惑时，他经常会引用孟子的一句话："食而弗爱，豕交之也；爱而不敬，兽畜之也。"（可以解释为养而不爱如养猪，爱而不敬如养狗。）

养猪时，我们是没有多少感情投入的，猪养肥了就杀了吃肉。所以在养猪的过程中，只需要让它吃饱喝足，几乎没有感情投入以及情感交流。而养狗时，我们是投入感情的，要和它聊聊天，一起玩。它动动耳朵、摇摇尾巴，你都会很开心。但是，你会按照自己的心意去摆弄它，训练它和要求它，不管它是否需要，感受好不好，很少去真正地尊重它。因为你的感受与需要才是第一位的，而狗只是一只宠物。

在婚姻中养而不爱的，男人和女人都有，男人更多一些。一次，一位男士沮丧地对魏世伟说："魏老师，我自认是一个很有责任感的好男人。我身家上亿,但是从来没找过别的女人,心里只有她;我给太太买别墅、豪宅、名车,在钱上从来不小气;我也不对太太耍心眼,公司财务状况完全透明……我做了这么多,难道还不够吗?为什么她总是不开心?上周,我们过结婚纪念日,我送给她一套价值几百万元的名贵首饰,她一点儿也不高兴,还对我说买这个干吗。当时,我郁闷得都想从楼上跳下去了!"

魏世伟平和地问:"那你有亲自为她做过什么吗?比如,帮她削个苹果?为她做一顿饭?陪她聊聊天?"男士回答说:"好像没有,我实在太忙了。你以为赚钱容易吗?我要去维护客户关系,我要去扩大市场,我要辛苦地满世界飞,我要打造管理团队……我哪有时间陪她?不过,我请了两个保姆,家里什么事都不用她操心!孩子都不用她带!"

魏世伟说:"你只以自己认为对她好的方式对待她,管她的吃喝,让她丰衣足食,却不关注她的心理需要,没有感情和时间的投入,那你的做法和养猪有什么区别呢?我们养猪不就是把它喂饱了之后,什么都不管了吗?"

看起来简单的一句话,却让这位成功男士特别震撼:"天啊,我原来是把老婆当猪养!"他开始认真地反省自己,反省和妻子的关系。后来,这位男士的巨大改变让魏世伟都没有想到:他先是请了一个职业的管理团队帮他管理公司;之后,他把两个保姆都辞了,自己回归家庭。当他第一次亲手给太太做了一个果盘时,太太嘴里含着橘子就哭了。她说："这才是我想要的生活啊！"现在，夫妻俩平时一起做饭、拖地、陪孩子玩，有空儿就一起出去做公益。财务状况没有受到影响，夫妻关系却变得更加亲密。

魏世伟说，在现代社会中，养而不爱的情形往往发生在所谓的成功人士身上。因为事业成功，他们的自我价值感很高，认为自己能够用钱解决婚姻家庭中的一切问题。结果，物质的投入多了，精神的投入就少了。伴侣衣食无忧，可就是感受不到对方的爱意，这就是养而不爱。

敬是敬畏和尊重，爱而不敬如养狗

魏世伟认为，在婚姻中，做到敬比爱更难。大多数夫妻都是因为相爱而走到一起。对于伴侣，他们知道要爱，却往往不知道要敬。

敬包含两层意思，敬畏和尊重。我们一定要对伴侣怀揣一颗敬畏之心，敬畏每个生命的独特性：我不知道他过去经历了什么，我不知道他现在需要什么，我不知道他未来期待什么……所以，我必须先去看清楚对方的需要，认真地倾听对方的感受，而不是自以为是地把自己认为的好，统统施加到对方头上，甚至代替对方作决定。如果没有敬畏之心，所谓尊重不过是纸上谈兵。爱而不敬，爱就是没有用对地方。

有一位女士，委屈地对魏世伟说："我对老公特别好，不夸张地说，我都把他伺候得残废了！但是，他一点儿都不感激，成天对我呼来喝去的！"魏世伟问她："是你老公这个人本身没有生活能力，像个生活上的残废，还是因为你的伺候而变得残废？是他需要被你这样伺候，还是你需要通过这样伺候他来博取自己的成就感？"

本来委屈得不行的女士恍然大悟：其实，照顾老公一直是在满足她自己的心理需要。她从小在家人的忽视中长大，极度渴望别人对自己的认可。所以，她把家里的活都干了，是为了证明自己很能干。现在，只要她不在家，老公就饿着，连外卖都不会叫，眼巴巴地等着她，真的快成残废了。她的内心其实很满足——你需要我，我是有价值的，我是有能力的。显然，这种爱不是为了对方的成长，不是为了建设好夫妻关系，没有互相支持与承担。与此同时，没有一个心理健康的人，会愿意长期被伴侣当成宠物一样对待。所以，被妻子伺候的丈夫，内心感到无能和挫败，经常对妻子发火。

魏世伟和太太已经结婚25年了，是一对有名的恩爱夫妻。但是，没深入学习传统文化和本土心理学之前，他也曾经犯过"爱而不敬"的错误。魏世伟在北京刚刚拥有自己的住房时，便主动把岳父、岳母接来一起住。他无微不至地照顾两位老人，带他们去吃饭、旅游。然而太太并不领情，夫妻俩冲突不断，婚姻关系完全没有达到他所期望的状态。魏世伟感到很委屈："我这么孝顺你的父母，对你这么好，你怎么就不高兴呢？为了你，我都没有跟自己父母住在一起！"

在学习运用心理学对自己进行反思之后，他才明白太太发火的原因。太太是家里的老大，从小就被父母要求照顾弟弟和妹妹，帮父母分担家务，使她早早就承担了很多尚未准备好，甚至相当于成人才会面临的家庭事务、责任和压力。在这种原生家庭中长大，她一直觉得从来没有好好地做过自己。所以，她不是不爱父母，只是希望跟父母保持一点儿距离。魏世伟运用本土心理学的理念与方法调整自己，理解了太太的想法，尊重了太太的生命历程，还帮助太太摆脱过去承受的压力，帮助她自我成长；另一方面，也帮她实现了拥有独立空间的愿望。从那之后，他们的夫妻关系才真正地亲密和融洽了。

尊重，就是看到彼此的不同，接受彼此的不同。现在很多"80后"和"90后"的夫妻，多是独生子女。他们更在意自己的感受和满意度，对于共同经营家庭、夫妻之间的互相理解和支持，感受就没有父母那一代强烈。所以，结婚后，即使看到彼此的不同，他们也会要求对方与自己"同"，而不是自己与对方"同"。这成为很多年轻夫妻发生冲突的根本原因。

魏世伟说，敬是一种境界，就是尊重彼此的不同。尊重和接受这一现实是心态改变从而带动关系改变的有效方法，英文是

Accept the truth。无论你认同也好，不认同也好，人们的生命历程、教育背景是不同的，这种不同是客观存在的，不会以我们的意志为转移。

婚姻关系中，我们总是希望对方的所思、所想、所做、所为要符合我们的心意。就像虽然我们喜欢猫，讨厌蛇，可现实中，我们是不会想把蛇变成猫的。如果有人要让蛇变成猫，谁都会认为这样的想法很可笑。但是在婚姻中，如果对方不合我们的意，就希望对方变成我们喜欢的样子，就像是想把蛇变成猫，如果对方没有改变成我们希望的样子，我们还会不满、生气、愤怒甚至怨恨。这些负面情绪实际来自于我们的不合理信念，我们没有真正地接受对方！

魏世伟和太太对于"整洁"的理解有很大不同。魏世伟喜欢把房间整理得井井有条。太太会把衣服洗得很干净，但是不喜欢收拾房间。她做培训师，每天晚上备课时，桌面上到处都是书本。魏世伟很看不惯，说："你怎么不把桌面收拾收拾呢？"太太理直气壮地问："是我备课重要，还是收拾房间重要？"魏世伟没话说了，想着她备完课总会收拾的吧？但是，太太备完课之后，还是没收拾，他就很生气："你不收拾，那我也不收拾！就让房间这么乱着吧！"

冷静下来和太太沟通后，他才知道，原来她父母家的空间小、东西多，她是非常习惯在较为杂乱和拥挤的环境中读书和生活的。

而魏世伟的母亲从小训练他要把物品摆放整齐，于是他把这个习惯带到了婚姻里。魏世伟就和太太商量："咱俩的习惯不同，不用非得改变自己，迁就对方。我能做什么就做什么，你能做什么就做什么。我们都做好自己擅长的事，一起让这个家变得更舒服。"太太很爽快地答应了。后来，魏世伟负责收拾房间，太太负责洗衣服，两个人合作得很愉快。类似的沟通多了，婚姻中再也听不见抱怨和指责。

所以，魏世伟一直觉得，夫妻最大的默契不是你变成我，我变成你，时时刻刻地达成一致，而是真正地理解彼此的不同。

内观，帮我们看清楚婚姻中的自己

魏世伟认为，先看清楚婚姻中的自己，发现自己的模式和盲点才能更多地理解对方，更明白接受对方的全部，才会升起对对方的敬。如果连自己都看不清楚，怎么看清楚对方呢？如果看不清楚自己，往什么方向改变呢？内观可以帮我们实现这一点。

内观是"内视观想"的简称，它是基于中国传统文化的一种结构化了解自己、反省自己的心理治疗方法。具体过程是：体验者在导引师的协助下，在一个相对安静独立的空间，用7天的时间，经由人生重要的人际关系，来对自己进行检视和反思。通过这样的过程，体验者会发现一个与自己原来认为的完全不同的真实的自己，甚至会颠覆自己对自己的看法和认识，达到重新认识自己、换位思考的能力，激发内在的责任心，唤起曾经受到的爱，生命力变得更加旺盛。

首先，经由妈妈检视自己，因为妈妈是我们的主要抚养者。从出生开始，把自己的人生按照3至5年划分为一个阶段，每个阶段都按照3个问题对自己的人生重新检视一遍：1.妈妈为你做过些什么事情？越具体越好；2.你发自内心地为妈妈做过些什么事？或者，妈妈让你为她做过些什么？ 3.你给妈妈添过什么麻烦？检视结束后，再转为爸爸、外公外婆、爷爷奶奶、兄弟姐妹、丈夫／妻子、孩子等等。其实就是站在他人的角度，看看当时的自己是什么样的。

有一位女士对自己的婚姻感到失望。她对魏世伟抱怨说："每天工作都好累，下班后想对丈夫撒个娇，可是公婆4只眼睛都瞪着我！我说了多少次，他就是不肯和老人分开住，说分开住就是不孝。他迂腐、霸道、不知变通，我真是恨死他了！"

魏世伟没有回答她要不要继续和丈夫斗争的问题，而是引导她做了内视观想练习。经由丈夫检视自己时，她是这样回答3个问题的："老公每天早上都给我倒好刷牙、洗脸的水，帮我温一杯牛奶，周末去买菜，给我做好吃的；我身体不好，他会给我煲汤喝……他对我的好，我都习以为常，没放在心上；我好像从来没为他做过什么；经常给他脸色看，发脾气……"

7天的内视观想，让她重新梳理了与父母、丈夫、公婆、孩子的关系，全方位地认识了自己。最重要的是，她终于看到了长久以来，丈夫为这个婚姻所做的努力；意识到，自己一直没有给予丈夫相应的回馈，她对目前的婚姻状态是有责任的。她开始倾听和理解丈夫的需要和感受，脾气变得温柔了很多。夫妻关系的和谐，也让丈夫增强了对她的信任。大概一年后，她对丈夫建议："其实我们可以给老人更好的孝，而不是非得住在一起。你觉得呢？"丈夫出于对她的信任，接受了这个建议，现在整个家庭气氛都不一样了。

　　还有一位女强人，事业做得非常成功。但是她一直不知道自己想要什么。老公对她很好，但是她听见老公刷碗的声音都嫌烦，觉得他没本事，只会围着厨房转。两个人天天吵架，最后离了婚，分手时还闹得很僵。做了内观之后，她终于发现自己想要的是一个事业型伴侣，能够和她并驾齐驱，理解和支持她的梦想。她有了新男友，开始给男友很多空间，支持他去发展事业。更难得的是，她和前夫的关系因此缓和了许多。因为她开始明白，在这场婚姻里，两个人都没有错，只是追求的东西不同而已。

　　当一个人真的认识自己，敢于面对和观察，那么他就能把事情看得很清楚，既能发现自己身上的盲点，也会看到对方的优点。有一个男士，一直觉得自己脾气很好，对妻子很包容。可是内观时发现，他经常对妻子说："你这个事情怎么就做不好呢？我要是你，就不会这么做……"他一直在用提建议的方式挑剔妻子。回家后，他主动对妻子说："原来，你包容了我这么多年，你这么爱我，谢谢你！"妻子听见这句话特别感动。

更重要的是，认识自己后，我们就知道自己的价值观、生活习惯是多年形成的，既受到原生家庭的影响，也有教育背景的作用。当我们面对伴侣时，就不会急于否定他，而是把人和问题分开，寻找问题产生的原因，尝试理解他的状态。

有一位女士对丈夫的懒惰深恶痛绝，经过基于内视观想方法的悟性练习后，她却开始自我反省：丈夫固然懒，但是她也给他带来了很多麻烦。比如，在他需要她时，她的反应总是："你直接懒死算了，我才不管你呢！"这肯定会让他对婚姻感到失望。

她学习把人和问题分开："懒惰"不好，但是老公这个人是好的，是她所爱的。哪怕看不惯老公懒，但是他烦恼时，她认真地倾听；老公痛苦时，她安慰他、陪伴他。感受到妻子的支持后，老公不再是那副破罐子破摔的懒模样。

通过和老公交流，她看到，首先，婆婆从小不让他干活，所以，老公没有做家务的习惯。其次，他的内在动力也不足。有一次，他主动帮着她晾衣服，就因为没有用海绵衣架挂毛衣，被她狠狠地数落了一顿。他觉得干了就是错，还不如不干，做家务没有让他获得成就感。

她的办法是：每天请他干一点儿小活，比如，出门上班时随手倒垃圾，吃饭时顺便放桌子，慢慢地培养他做家务的习惯。他做得不好时，尽量忽视；他干得好的地方，马上鼓励。另外，如果遇到特殊情况，比如老公加班、出差身体疲惫或者感冒发烧，她不会逼迫他做家务，而是给予加倍的体贴和温柔……经过很长一段时间的努力，老公做家务的动力十足，一点儿都不懒了。

好的婚姻，就是在爱的基础上，夫妻俩学会相敬和尊重，理解和接受，认识自己，看清楚对方……这需要夫妻修炼一生。

5

采访人：**付洋**

采访对象：**傅春胜**，中科博爱（北京）心理医学研究院院长，心教育平台执行长，北京心理卫生协会理事，中国社会工作联合会心理健康工作委员会副主任，中国心理卫生协会特殊职业群体专业委员会委员，中国科学院心理援助专家组成员，中国生命关怀协会婚姻与家庭专业委员会主任委员。

观点：当夫妻发生冲突时，我们要意识到，不是哪一个人的错，可能是文化差异导致的，因为我们每个人都是在文化中泡大的。

影响婚姻幸福的6个文化维度

每个人的人格特质都是在文化中泡大的

在心理学界,我们常说,心理治疗是文化干预的过程,脱离了文化,心理治疗将一片苍白。事实上,每个人的人格特质,都是被文化泡大的;每个人的成长,都是在文化框架下进行的。所以,当我们走进婚姻,文化差异就会导致夫妻冲突。而文化差异主要体现在6个维度:个体、家庭、职业、性爱、社交和经济。

个体维度。个体维度主要是指人格的发展和人际的互动。"我"是"主体","我"以外的外部世界是"客体",如果人格发展得不够成熟完整,我们童年时对主要客体的依恋,会投射到未来的爱人身上,导致我们嫁(娶)错人。

比如,一个女孩有恋父情结。恋爱时,她找了一个相貌平平、有些胖的男朋友,因为她爸爸就是这一类型的。她觉得自己很爱他,因为他的一举一动都会感染她,其实这只是短暂的移情。结婚后,随着时间的推移,她会从移情的状态中走出来,才发现这个男人不完全和爸爸一样:他一吵架就动手打人,有家暴倾向。

需要注意的是，主要客体并非一定是父母。比如，一个男孩是留守儿童，从小跟着奶奶长大，他将来可能就会找像奶奶一样的女孩；一个女孩童年时被家人虐待，隔壁大叔经常帮她，她长大后可能就会爱上像隔壁大叔一样的男孩。

家庭维度。家庭维度就跟我们所说的"门当户对"有关。门当户对是经济基础，更重要的是双方家庭对彼此的认可度。比如，男方父母都是高知，女方父母都是文盲，那么他们的家庭维度就不匹配，也会造成婚姻的不协调。

家庭维度还包括双方家庭中的传统、习惯、价值观等。有一对小夫妻，本来相处得很好，因为两个人的单位离得很远，他们约定，下班后各自回家。家务活儿也分工明确：妻子做饭，丈夫洗衣服。

但是丈母娘过来同住后，看见女婿没有接女儿下班，就和女儿抱怨："这哪行啊，你得管教他！你看你爸，每天都接我下班！"于是，妻子指责丈夫："你下班后为什么不去接我？我爸每天都接我妈下班！"为了接妻子下班，丈夫每天都要在路上多花一个多小时，到家很疲惫，衣服也懒得洗了。于是，妻子抱怨丈夫不做家务，夫妻俩感情越来越差。丈母娘把原生家庭的一些价值观强行灌输到女儿的小家庭中，从而扰动了小夫妻的婚姻。

职业维度。所谓职业维度，就是夫妻之间的职业兴趣和对话性质是否存在。我太太从事教育工作，而我从小就对教育很感兴趣，我很欣赏她的工作，愿意跟她以教育的方式展开对话，我知道她在想什么，她也知道我在想什么，这就是同理心。当然，夫妻不必是同行，但要理解和支持彼此的职业，最好能对伴侣的职业感兴趣。

性爱维度。就是夫妻对性爱的认知和态度是否一致非常重要。我发现，目前还有很多夫妻的卧室，布置得像旅馆的双人间，室内有两张床，床中间摆着一张桌子，这样的夫妻几乎没有性生活。我有一位女性来访者，她认为老夫老妻有没有性无所谓。

原本，夫妻的感情基础非常好，但最近丈夫出轨了。她原本觉得丈夫很恶心，可是咨询后，她对我说："当你问我上次和他一起睡觉是在什么时候，而我居然想不起来时，我才突然意识到，自己对夫妻生活忽略太久了……"后来经过咨询，这对夫妻的性生活和谐了，丈夫也回归了。

另外，需要了解的是，压力会造成创伤，而创伤能让人乱性。创伤会降低超我，本我就会占上风，而性是人类的本能。同时，创伤也会导致行为退行，让人退回到小孩的状态，容易犯错误。比如，地震之后，很多丧偶的灾民会迅速再婚，不仅因为孤独，还因为他们需要性来释放压力、缓解创伤。所以，当伴侣承受较大压力时，更要满足他的性需要。

社交维度。就是夫妻之间的社交圈子是否匹配。有些男性的社交圈子流行酒场文化，每天和人喝酒、打麻将、聊天，容易招来第三者，导致婚姻走向另一个方向。

经济维度。即经济水平是否匹配。我观察到，有些全职太太因为不挣钱，担心自己如果花钱多，丈夫会不高兴，所以非常节省，不打扮、不化妆，还舍不得买衣服。

自觉处于优势的丈夫心生厌恶，对妻子指手画脚、吹毛求疵。丈夫在外面拈花惹草，妻子忍气吞声。经济不匹配，往往会导致话语权不对称。

这6个维度的文化差异，是影响婚姻幸福最核心的要素。如果文化差异太大，就会造成价值观冲突，影响夫妻之间的对话机制。丈夫说的话，妻子听不明白；妻子说的话，丈夫听不明白，长此以往，他们的同理心建设必然缩减，不能换位思考。

自我关怀，找回被遗忘丢失的初心

解决文化差异，可以从寻找"初心"入手：我为什么会爱这个人？他身上有什么东西吸引我？我欣赏他的什么性格和品质？我和他是否志同道合？我和他结婚的初衷是什么？我和他说的话、做的事与我结婚的初衷相符，还是背道而驰？我想要一种什么样的生活？初心，就是我们来自何方、去向何处的原点。如果我们能够找到婚姻的原点，那么，就能找到婚姻的终点，知道要如何与伴侣一起走好这漫漫人生路。

比如，我会主动做家务，因为我的初心是让我所爱的人幸福。我知道，当我做家务的时候，太太就会感觉更轻松，可以更好地陪伴孩子，孩子也会更快乐。当我遵从自己的初心时，就有力量去冲破一些文化的束缚，比如"女人做家务"的男权文化。

遗憾的是，在这个社会上，有太多人都把注意力聚焦在外部世界，为房子、孩子、车子、票子而焦虑，他们已经遗忘丢失了自己的初心，不知道自己到底想要什么，甚至不了解自己的内心感受。

找回初心，需要我们多做一些自我关怀。自我关怀包括4个方面：觉察情绪、接纳情绪、体验当下的幸福和自我欣赏。很多人都不会自我关怀，但自我关怀非常重要，它是一种爱自己的方式。

觉察情绪，最好的办法是花一些时间让自己做静观（正念）、瑜伽、冥想、打坐、跑步，甚至可以学习绣花，提高专注力。在为地震灾区做心理援助的时候，我曾经请老师教丧子的妈妈们绣花。因为，地震的惨景经常在她们脑海里闪回，非常痛苦。而学习绣花后，她们的专注力提高了，焦虑和抑郁的情绪都得以缓解。当专注力提高后，我们再专注到情绪上，就能觉察我们的情绪。

接纳情绪，就是要接纳当下的感受，接受当下事件的存在。比如，我的颈椎很疼。告诉自己不疼，这是隔离；告诉自己很疼，我跟疼痛做朋友，疼痛会减缓，这就是接纳情绪。

体验当下的幸福，是建立在对世界本身、事件本身、情绪本身的接纳基础上的。我们要接纳当下、体会当下，比如吃饭，就要觉察此时此刻饭菜的香味、牙齿咀嚼的感觉。

活在当下是静观（正念）中的核心理念。正念和静观是一个东西，正念是佛学提出的，意思是此时此刻的心。我更喜欢静观这个词，静观是老子提出的，意思是静观其变。只有静，才能观，我们只有静下心来，才能观察到自己的变化、伴侣的变化和婚姻的变化。

如果我们的心是浮躁的、不安的，可能就会什么也看不到。看不到伴侣的优点，也看不到伴侣的变化，为了过去而痛苦，为了未来而焦虑，很难体验当下的幸福，甚至做出一些与自己的初心背道而驰的事情。

自我欣赏，也是自我关怀中很重要的部分。一是觉知、欣赏自己身上的优点，每个人身上都有优点。二是要经常提起发生在自己身上的美好事情并和人分享。比如，老红军提起自己走过长征、曾经见过彭德怀总司令，他就浑身充满能量。汶川地震后，我35岁到灾区，42岁离开，在那里待了近7年。凤凰卫视采访我时，我说："我把一个男人最好的青春给了灾区。"这句话就是对我自己的欣赏。

增强沟通，是让婚姻升温的重要功课

想要拥有亲密美好的夫妻关系，要做两个功课，一个是自我关怀，能增加自己爱的能量；增加爱的能量、有爱的能力的时候，才能更好地去爱别人。另一个就是增强沟通，夫妻沟通应该建立在尊重、信任、欣赏的基础上。如果没有这些基础，伴侣的心不会向你打开。

从生理的角度看，男性一般不愿意表达自己，情绪表达都是浅显的；女性的表达能力更好，情绪表达更加丰富。所以，丈夫要有意识地关注妻子的情绪，鼓励她、赞美她、欣赏她当下为这个家庭所做的一点一滴。如果语言表达能力有限，也可以用行动来表达。女性都爱美，丈夫可以根据妻子的爱好和需要，在自己的经济能力范围内购置礼物，比如护肤品、包包、衣服等，为婚姻创造惊喜，让妻子感受到被爱。

妻子一是要尊重丈夫，尤其是在双方的家族面前；二是要把更多的信任交给丈夫。尽量创造一些机会，把家庭中的大事交给丈夫去践行，这是对他的一种信任。比如，让丈夫去买房子。买好房子后，妻子可以适当地表达对丈夫的信任："老公，我认为你的决策非常正确！现在房价涨得这么厉害，你第一时间把房子买下来了，将来咱们家的房子一定能升值！"

欣赏也很重要。有的来访者对我说："他那么懒，你让我怎么欣赏他？"我回答说："先接纳他的懒，他确实懒，懒是他的一个特质。除了懒以外，他还有没有让你欣赏的地方，比如，他有没有关心你？有没有陪孩子玩儿？对你的父母好不好？工资有没有交给你？你能够和他在一起，他身上肯定有你欣赏的地方。接纳他的缺点，关注他的优点，这样懒就不会成为困扰你的问题。"当然，一个不懂得自我关怀、不欣赏自己的人，往往也很难欣赏伴侣。

我认为，开家庭会议是一种增强沟通的好办法，我和太太已经坚持开家庭会议十多年了。夫妻可以喝喝茶、聊聊天，探讨家庭当中发生的一些事情，探讨事情本身存在的意义，从而制定积极的方案来解决这一周所有的事情。

比如，开家庭会议时，妻子说："上周有两件事情让我感觉不舒服，一是你抽烟了，二是你洗完衣服没有晾，咱们来讨论一下怎么办。我这周有什么做得不好的地方，也请你告诉我。"丈夫说："这两件事情我以后注意，尤其是抽烟，让你吸到二手烟，我很抱歉！如果我再忘记晾衣服，你可以提醒我一下。我看到，上周家庭聚会时，你对我妈的态度不太温和，希望你注意一下和老人说话的语气。"妻子说："那天单位发生了一些不愉快事情，我心情不好，我以后会注意……"通过家庭会议，夫妻就可以看到、了解和懂得对方，制订一些家庭规则和计划，这样，这个家就会建设得越来越好。

需要注意的是，千万不要在不愉快的事情发生时马上开家庭会议，这样感觉是在指责对方。要在夫妻俩都没事、都高兴的时候开，这样沟通起来更顺畅。比如，家庭会议是每周六晚上开，丈夫周二抽烟，那么建议妻子等到周六开家庭会议时再讨论抽烟的事。

另外，每个人做错事情后都会觉察到自己错了，即使当下没有觉察到，未来也会觉察到，我们要给伴侣留一些自我觉察的时间。如果对方做错事，你马上展开疯狂的批评，那么为了维护自己的尊严，伴侣往往会反咬一口："你上个月还忘记买菜了呢，你有什么资格说我？"

如果过几天大家都冷静下来再去探讨，往往会收到比较好的效果。在家庭会议上，也可以分享一些美好开心的事情和感受，表达自己对伴侣的欣赏。家庭会议不是检讨会，而是分享会、交流会、通力会、规则会和方案会。

另外，夫妻沟通也可以与自然融合，建立一种与自然沟通的情境，放开自我，回归自然，与感受联结，比如，一边爬山，一边聊天。因为我们是自然人，在大自然中时，人和人之间情感的流动也会更加顺畅。

所以，当夫妻发生冲突时，我们要意识到，不是哪一个人的错，而是文化差异导致的；多做自我关怀，找回初心，增强爱的能力；增强沟通，给伴侣尊重、信任和欣赏。如果能够做到这些，我们的婚姻就会更加幸福美好。

图书在版编目（ＣＩＰ）数据

只想和你好好生活 / 李松蔚等口述；刘萍主编. -- 南京：江苏凤凰文艺出版社, 2019.4（2020.11重印）
ISBN 978-7-5594-3391-6

Ⅰ.①只… Ⅱ.①李… ②刘… Ⅲ.①散文集 - 中国 - 当代 Ⅳ.①I267

中国版本图书馆CIP数据核字（2019）第039567号

只想和你好好生活

李松蔚 等口述　刘萍 主编

责 任 编 辑	唐　婧　黄孝阳
出 版 发 行	江苏凤凰文艺出版社
	南京市中央路165号，邮编：210009
网　　　　址	http://www.jswenyi.com
印　　　　刷	唐山富达印务有限公司
开　　　　本	880毫米×1230毫米　1/32
印　　　　张	8
字　　　　数	145千字
版　　　　次	2019年4月第1版
印　　　　次	2020年11月第2次印刷
标 准 书 号	ISBN 978-7-5594-3391-6
定　　　　价	49.80元

江苏凤凰文艺版图书凡印刷、装订错误，可向出版社调换，联系电话025-83280257

36 个奇妙的问题

美国心理学家 Arthur Aron 在 1997 年做过一个实验。

参与实验的陌生人两两分组，坐在一起，用 45 分钟彼此问了 36 个神奇的问题，就快速对对方产生了好感和亲密感。

有 30% 的人在聊完这些问题后，立即表示自己和同组实验者之间的关系已经变得比他们人生中其他任何一段关系还要深。而在隔了一段时间之后，有 37% 的人在上课时坐在了一起，35% 的人已经开始约会。还有一对在 6 个月后结了婚，他们邀请了所有人去参加他们的婚礼。

这些问题分为三组，按问题的深入程度依次递进，完成每组问题各需 15 分钟。问题的感觉有点类似普鲁斯特问卷。

其实这个实验说明了一个道理：人们之间的关系从疏离到亲密，需要双方不断深入剖析自己的内心并互相坦白。

实验后续还有一个有趣的发现，人们之间的亲密程度，跟他们对同样问题的回答是否相似并无直接关系，也就是说，"三观相同"并不是两个人关系亲密的必要条件。

所以这个实验的最终结论是：两个陌生人要迅速建立亲密关系，需要依靠双方挖掘并坦陈内心的真实想法。

第一组问题

1. 如果可以选择世界上任意一人,你希望邀请谁共进晚餐?

2. 你希望出名吗?在哪方面?

3. 打电话前,你会练习要说的话吗?为什么?

4. 对你来说,怎样才是"完美"的一天?

5. 上次唱歌给自己唱歌是什么时候?给别人唱歌又是什么时候?

6. 如果你能够活到90岁,并且可以选择让你的心智或身体停在30岁,你会选择哪一个?

7. 未来你怎样离开这个世界,你有属于自己的秘密预感吗?

8. 说出3个你和对方共同拥有的特质。

9. 你人生中最感恩的事情是什么？

10. 如果能够改变你成长过程中的任何事，你希望可以改变哪些事？

11. 用4分钟的时间，尽可能详细地向对方说出你的人生故事。

12. 假如明早起床能获得任何一种能力或特质，你希望是什么？

第二组问题

13. 若是有一颗水晶球能告诉你自己人生或未来的一切真相，你想知道什么？

14. 有什么事很久之前就想做？为什么现在还没有做？

15. 你人生中最大的成就是什么？

16. 友情中你最看重的部分是什么？

17. 你最珍贵的回忆是什么？

18. 你最糟糕的回忆是什么？

19. 若是你知道自己一年后会突然死去，你会改变现在的生活方式吗？为什么？

20. 友情对你意味着什么？

21. 爱和感情在你生命里的角色是怎样的?

22. 轮流分享你认为对方较好的性格特点。各自提5个。

23. 你的家庭关系亲密、温暖吗?你认为自己的童年有没有比大多数人更快乐?

24. 你和妈妈的关系如何?

第三组问题

25．说出3个含有"我们"并且符合实际情况的句子，比如"我们现在都在这个房间里"。

26．完成这个句子："我希望能够跟某个人分享＿＿＿＿＿＿＿＿＿＿＿＿＿＿＿＿"。

27．如果你要成为对方的好朋友，有什么是他或她需要知道的？

28．告诉对方你喜欢他或她的什么地方（回答此题必须非常诚实，要说出你可能不会对刚认识的人说的事）。

29．和对方分享你人生中尴尬的时刻。

30．上次当着别人面前哭是什么时候？独自哭又是什么时候？

31. 告诉对方，你现在喜欢他或她什么地方。

32. 有什么事是绝对不能当作玩笑的？

33. 若是你今晚就会死掉，而且不能与任何人联系，哪些事是你最遗憾还没有告诉别人的？为什么还没说呢？

34. 你的房子着火了，你所有的东西都在里面。在救出爱人和宠物后，你还可以安全抢救出最后一件东西。你会拿什么？为什么？

35. 你所有家人中，谁过世对你的打击会最大？为什么？

36. 分享你人生中一个问题，问对方会怎么做。同时也请对方跟你说，在他或她看来，你对这个问题的感受是什么？

《纽约时报》婚前 15 问

亲密关系专家提出，太多的情侣在结婚之前没有搞清楚对方的一些重要情况，下边是情侣必须考虑的一些问题：

1. 婚后我们要不要孩子，要的话，谁来照顾？

2. 我们的经济能力和目标是什么，消费观念或者储蓄观念有没有冲突？

3. 我们是否讨论过对家庭的期望，由谁来管理家务？

4. 我们有没有详细了解对方身体和精神上的疾病史？

5. 我的伴侣对情感的投入度有没有达到自己的预期？

6. 我们有没有很自然、很清晰地说出自己对性的需求、偏好和恐惧？

7. 卧室能放电视机吗？

8. 我们能够认真倾听,并且认真考虑对方的想法和抱怨吗?

9. 我们清晰地了解对方的信仰吗?我们讨论过孩子将来的信仰问题吗?

10. 我们喜欢并且尊重双方的朋友吗?

11. 我们喜欢并且尊敬对方的父母吗?他们会不会干涉我们的关系?

12. 双方的家庭中,最让你烦的事情是什么?

13. 有什么东西是我们进入婚姻之后也不会放弃的?

14. 我们会为了其中一个人的事业机会,一起搬到另外的城市吗?

15. 对方的承诺是否能够给予你足够的安全感,让你相信无论什么样的考验,我们都可以站在一起使婚姻一直往前走?

婚姻和恋爱本质上是两码事。婚姻并不是治愈一切的良药,相反,婚姻很复杂,婚姻是一门课题。

希望亲密关系专家提出的这15个问题,让你恢复理智,并且能够预防进入婚姻之后的手足无措。

《纽约时报》中文网婚前 13 问

1. 当分歧发生时,你的家人是摔盘子、冷静地讨论,还是保持沉默?

2. 我们以后会生孩子吗?如果生,你会换尿不湿吗?

3. 跟前任相处的经历,会帮助还是会阻碍我们更加亲密?

4. 宗教有多重要?如果要庆祝宗教节日,会是怎样的形式?

5. 其中一方的债务是否要共同承担?你愿意在经济上资助我吗?

6. 为了一辆车、一张沙发或一双鞋,你愿意花的最大价钱是多少?

7. 你能接受我不带你,自己去做一些事吗?

8. 我们喜欢对方的父母吗?

9. 性对你来说有多重要?

10. 与他人的调情可以进行到什么程度? 可以看色情作品吗?

11. 你知道哪些表达"我爱你"的方式?

12. 我有哪些特点是你比较欣赏的,哪些是你不能接受的?

13. 你想象过10年后的我们会是什么样吗?

中国情侣专属篇

1. 父母的问题：

◎ 结婚后是否与父母同住？
◎ 双方父母是否可以干涉小家庭的任何决定（包括生育、财产、装修、工作）？
◎ 过年去谁家？
◎ 双方的父母可以不打招呼随便来吗？
◎ 我们有没有考虑到父母可能会干涉我们的关系？
◎ 如果父母干涉我们婚后生活，怎么办？
◎ 父母若出现重大疾病或者生活不能自理，由谁照顾？
◎ 我们父母会不会给我们足够的祝福？如没有，我们如何面对？
◎ 在处理有关父母的问题时，我们能否保持同一立场，共同面对？

2. 经济问题：

◎我们是否清晰地知道并接受对方的婚前财产及债务的处理方式？
◎我们是否清晰地知道并接受对方的赚钱能力和目标？
◎购买多少价格以上的物品，需要跟对方协商？
◎双方的收入如何分配？谁来理财？由谁来掌握可能出现的风险？
◎消费观念、储蓄观念是怎么样的？产生冲突后怎么处理？
◎我们的家庭如何维持？

3. 孩子的问题：

◎我们要不要孩子？要的话什么时候要？
◎短期或一直不要孩子，如何处理长辈的不同意见？
◎孩子出生后，请月嫂带，还是由哪位长辈帮忙带？
◎生产方式谁说了算？
◎生完后主要谁负责？如果需要全权负责，谁自愿放弃现有的工作回归家庭？
◎如何去尊重家庭主妇或家庭煮夫的家庭地位？
◎我们讨论过孩子将来的教育模式和育儿观念吗？如果有冲突听谁的？
◎要不要生二胎？要的话一胎生完后计划多久要？
◎孩子可以跟女方姓吗？
◎如果一方不能生育或者生育困难，是否还接受继续婚姻？
◎如果孩子一生下来就有先天性疾病，是否有信心一起面对各种问题，尤其是经济压力？

4. 预想的婚姻生活：

◎你欣赏我身上哪些东西，哪些不能接受？
◎在这段婚姻中，我们的地位是平等的吗？
◎结婚会改变我们现有的亲密关系吗？
◎你能确保经常地提醒自己有多爱我吗？
◎你会支持我吗，如果我不能养活自己？

◎你是否愿意做出一些妥协,去保持我们之间的和平?

◎如果我们失去了所有,还会决定结婚吗?

◎和对方在一起,自己是否开心?

◎假如吵架了,是否可以适时中止?

◎我们能否在吵架后,冷静客观地说出让我们愤怒的真实理由?

◎我永远不会因为婚姻放弃的东西是什么?

◎我们向往怎么样度过纪念日?

◎我的家庭最让你心烦的事情是什么?

◎我们是不是充满信心面对任何挑战,使婚姻一直往前走?

◎突破什么底线,会让你放弃这段婚姻?

◎我们需要签婚前协议吗?

◎我们如何处理我们的婚内财产?

◎我们如何分配孩子的抚养权?

◎如果婚姻出现变故,我能否自己承担后果?

5. 婚后定居：

◎ 在哪座城市安家，怎么买房？

◎ 买房是全款买还是贷款买？需要共同还贷吗？

◎ 房产证如何署名？

◎ 买房需要双方父母资助吗？

◎ 如果任何一方需要离开其家族所在地陪同另一人到外地工作，另一方做得到吗？

◎ 彼此在职业发展上相互阻碍的话，可以放弃到什么地步？

◎ 一方遇到低谷，另一方可以给予最大限度的支持和鼓励吗？

6. 你们喜欢并尊重对方的朋友吗？

◎ 如果不喜欢伴侣的某个朋友怎么办？

◎ 你们能容忍对方拥有异性朋友吗？

◎ 异性交往的空间多大，是否可以接受对方单独跟工作中的异性相处？是否可以接受对方单独跟生活中的异性相处？
◎是否愿意把自己的异性朋友介绍给对方？
◎和闺蜜一起去酒吧可以吗？
◎和公司男女同事一起出去玩可以吗？
◎去参加单身派对需要报备吗？
◎玩多晚都可以吗？